高等院校艺术设计类专业系列教材

图文编排设计基础

主　编　陶垠颖
副主编　姚卜月　杨盛卉　孔　璿

电子工业出版社·
Publishing House of Electronics Industry
北京·BEIJING

内 容 简 介

本书的内容深入浅出，辅以丰富案例，系统地介绍了图文编排设计基础，涵盖版式原则、设计法则、文字排印、图片处理、色彩应用及网格系统等核心内容，旨在引领设计学相关专业的学生，尤其是工业设计、产品设计专业的学生群体快速掌握图文编排设计的精髓。

本书不仅可作为工业设计专业学生的教材，同时也可作为职业设计师的参考手册。通过全面学习，读者能熟练掌握图文编排的全过程，提升设计作品的视觉表现力和信息传递效率。无论您是设计新手还是资深设计师，本书都将是您提升图文编排设计能力不可或缺的好助手。

图书在版编目（CIP）数据

图文编排设计基础 / 陶垠颖主编. -- 北京 ：电子
工业出版社, 2025. 5. -- ISBN 978-7-121-50395-5

Ⅰ. TS803.23

中国国家版本馆 CIP 数据核字第 2025EM3972 号

责任编辑：康　静
印　　刷：北京宝隆世纪印刷有限公司
装　　订：北京宝隆世纪印刷有限公司
出版发行：电子工业出版社
　　　　　北京市海淀区万寿路 173 信箱　　邮编：100036
开　　本：787×1092　　1/16　　印张：11　　字数：221 千字
版　　次：2025 年 5 月第 1 版
印　　次：2025 年 5 月第 1 次印刷
定　　价：56.00 元

凡所购买电子工业出版社图书有缺损问题，请向购买书店调换。若书店售缺，请与本社发行部联系，联系及邮购电话：(010) 88254888，88258888。

质量投诉请发邮件至 zlts@phei.com.cn，盗版侵权举报请发邮件至 dbqq@phei.com.cn。

本书咨询联系方式：(010) 88254609，hzh@phei.com.cn。

前言

党的二十大报告明确将教育置于优先发展的战略地位，并加速推进实现教育强国、科技强国及人才强国的宏伟蓝图，致力于为党和国家的长远发展培育卓越人才。本书紧密围绕党的二十大精神，旨在帮助学生树立"自信自强、守正创新"的核心理念，坚定文化自信。同时，本书遵循设计学科的基本规律，鼓励学生勇于探索前沿设计理念与技术手段，以期推动图文编排设计的持续进步与创新发展。

本书旨在为工业设计专业学生提供兼具全面性与实用性的图文编排指导。图文编排设计作品不仅是信息传播的核心媒介，而且是连接工业设计产品与用户的桥梁。学会图文编排设计，就掌握了提升产品附加值的重要方法。本书理论与实践相结合，深入剖析图文编排设计的基本原理、规律、法则及其实际应用技巧，助力读者掌握科学的思维框架，构建完备的设计理念体系，并形成系统化的设计知识体系。

我们希望本书能成为工业设计专业学生成长道路上的良师益友，伴随他们在设计领域不断探索与前行。同时，我们也期盼更多青年学子能够积极响应党的号召，投身于社会主义现代化建设的伟大征程中，为实现中华民族伟大复兴的中国梦贡献青春智慧与磅礴力量。让我们并肩前行，共同致力于工业设计事业的繁荣与发展，开创更加辉煌的未来！

在编写过程中，鉴于编者学识水平之局限及时间之紧迫，书中难免存在不足之处。我们诚挚地邀请广大读者及教育界同人对本书进行审阅并提出宝贵的意见与建议。若您在阅读过程中发现任何错误或遗漏，请发送电子邮件至 tao@zust.edu.cn 与我们联系。

目录

第一章
认识图文编排设计

在探讨图文编排设计时，许多人或许会误以为图文编排设计仅仅是个人灵感与直觉的自由挥洒，是将图片与文字随意拼凑的创造性活动。这是对图文编排设计的一种误解。图文编排设计是一门系统性的艺术，它不仅融合了理性的分析与规划，还融入了感性的审美与创意，两者相辅相成，缺一不可。

盲目地进行图文编排设计，忽视其内在的逻辑与规律，往往难以达到预期的效果。只有深入理解并掌握图文编排设计的精髓，将理性分析与规划和感性审美与创意有机结合，才能创作出既美观又实用的作品，真正实现信息的有效传递。

图文编排设计的核心目标在于高效、准确地传递信息。为了实现这一目标，设计师在设计过程中必须遵循一定的原则与规律，确保信息的呈现既具有视觉冲击力，又能清晰地传达主题思想。一个成功的图文编排设计作品往往能够做到主题鲜明突出，内容条理清晰，同时不失独特的个性与风格，让读者对内容一目了然且印象深刻。

1.1 什么是版面

明确"版面"这一概念是理解图文编排设计的基石。狭义上，版面通常是指在图书、杂志、报纸等出版物中，将文字、图片、色彩等视觉元素按照一定的格式和规律进行编排组合，以形成特定视觉效果的布局方式。它是信息呈现的基本单元，承载着图片和文字的画册便是一个典型的例子。它不是简单的元素堆砌，而是经过设计师的深思熟虑和精心布局的，美观、易读、有吸引力。

图 1-1

然而，当我们将视野拓宽至更广阔的领域时，版面的概念便不再局限于传统的出版物范畴了。广义上，版面可以指代任何需要进行视觉设计的空间，比如室内外的广告牌、产品包装，以及刊物、挂历、招贴画、唱片封套及网页页面等。每一种媒介都有其独特的版面要求与审美标准，而图文编排设计正是通过灵活运用视觉元素，创造出既符合媒介特性，又能吸引目标受众的版面布局。

图 1-2

图 1-3

图 1-4

图 1-5

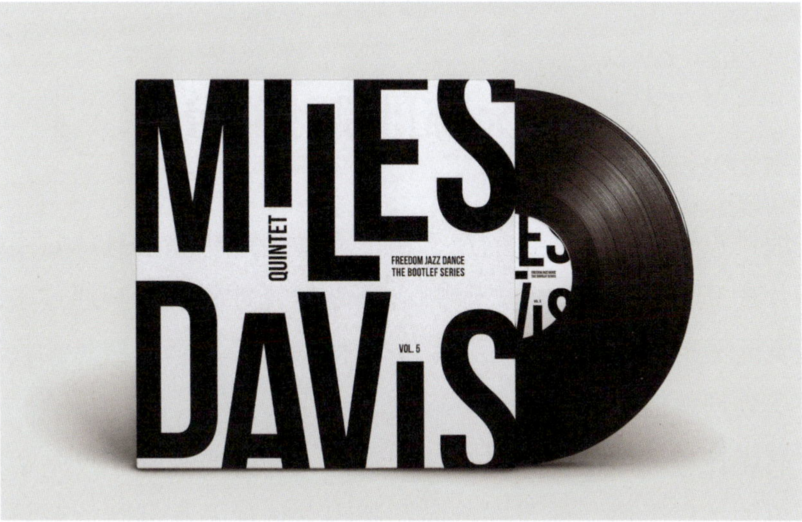

图 1-6

图文编排设计通过精准把握产品的独特定位与市场需求，将视觉元素、信息传递与用户体验三者紧密结合，为产品塑造出鲜明的个性特征，从而在商业实践中展现出其独特的价值与意义。它在产品设计领域占据着举足轻重的地位。

图文编排设计赋予产品独特的视觉冲击力，直接塑造了产品的外在视觉形象，并使之成为产品个性的直接体现，更是产品核心理念、品牌价值深度及卓越用户体验的关键传播桥梁。好的图文编排设计可以使产品在琳琅满目的市场中脱颖而出，瞬间捕获并持续吸引目标消费者的注意力与兴趣，形成产品的差异化优势，助力产品在激烈的市场竞争中成功突围。

图 1-7

1.2 图文编排设计的目的

　　图文编排设计，其核心目的在于精准而高效地传递信息。它不仅仅是对文字与图片的简单排列，更是一种精心策划的视觉叙事。其通过条理清晰的布局和视觉元素的巧妙运用，使信息主题得以凸显，确保信息接收者能够迅速捕捉并深刻理解信息的核心内容。

　　在产品设计领域，图文编排设计的目的尤为鲜明。它不仅是塑造产品外在视觉形象的关键手段，而且在产品品牌理念传递、产品特性彰显及用户体验优化中扮演着不可或缺的角色。设计师通过精心构思，可以巧妙构建出信息的层次化架构，从而有效引导用户的视线流动轨迹。这一过程不仅确保了信息的高效传递，还使用户在浏览产品信息时能够迅速且准确地捕捉到关键内容，实现信息的即时获取与有效吸收。图文编排设计在提升用户体验、增强产品吸引力方面发挥着不可估量的作用。

图 1-8

　　图文编排设计的最终目的是致力于在用户心中留下深刻且持久的印象。这种印象不仅仅是对产品外在形态的记忆，更是对品牌理念、产品特性乃至整体情感体验的深刻认同。

　　下图中耐克的这一图文编排设计不仅展现了产品本身的材料使用特性与时尚感，还巧妙地将环保与可持续发展的理念融入其中。经过精心策划的文字和标语直接呼吁消费者一同行动起来，实现"零碳排"和"零废弃"。通过这样的宣发海报，耐克不仅成功吸引了消费者的目光，而且在无形中传递了可持续发展的价值观，激发了消费者对于环保议题的关注与讨论，加深了消费者对于品牌朝着绿色、可持续方向发展的印象。

图 1-9

在信息大爆炸的当下，如何让产品信息在众多竞争产品中脱颖而出，成为设计师必须面对的重要课题。图文编排设计的创新正是解决这一问题的关键所在。设计师需要运用独特的视觉语言创造出既符合品牌调性又具有高辨识度的视觉形象，同时通过情感表达的融入使产品信息与用户的内心产生共鸣，从而在用户心中留下难以磨灭的印记。这不仅是设计师追求的艺术境界，也是产品设计领域不断向前发展的动力源泉。

1.3 图文编排设计的基本原则 ✎

图文编排设计的基本原则是确保设计作品在功能性与艺术性之间达到完美的平衡。设计师在创作过程中既要注重信息的有效传递，又要追求视觉上的美感与和谐，从而编排出既实用又美观的设计作品，满足用户在信息获取与审美体验上的双重需求。

1.3.1 直观性

直观性是图文编排设计的最基本原则，即要求设计作品能够迅速、清晰地传递信息，使用户在第一时间就能捕捉到设计的核心要点。实现直观性的关键在于信息层次清晰、视觉流程顺畅，以及避免冗余与杂乱。

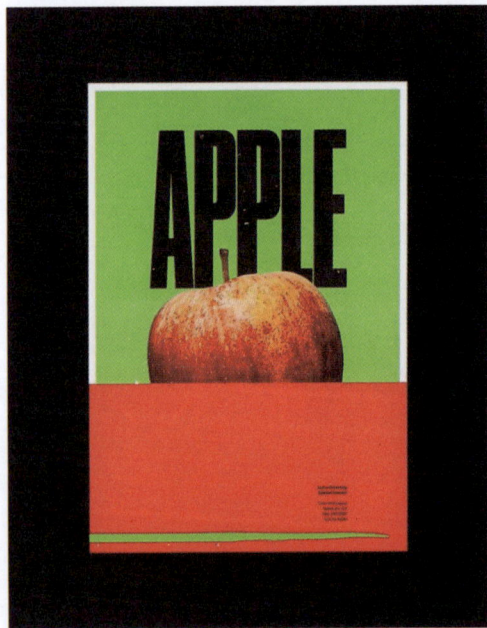

图 1-10

1. 信息层次清晰

为了使重要信息一目了然，设计师可以通过大小、颜色、字体、排列等视觉元素的差异来明确区分信息的主次关系。

左图设计师将最重要的信息以更大的字号展示，并通过加大色块使其在视觉上占据主导地位，吸引观者的首要注意力，同时还将对比鲜明的红色和绿色作为背景，以突出主信息，使其从背景中脱颖而出。

2. 视觉流程顺畅

为了使信息阅读顺序自然流畅，设计师可以通过合理的布局和使用导向性元素（如箭头、线条等）来引导观者的视线按照设计师的意图流动。

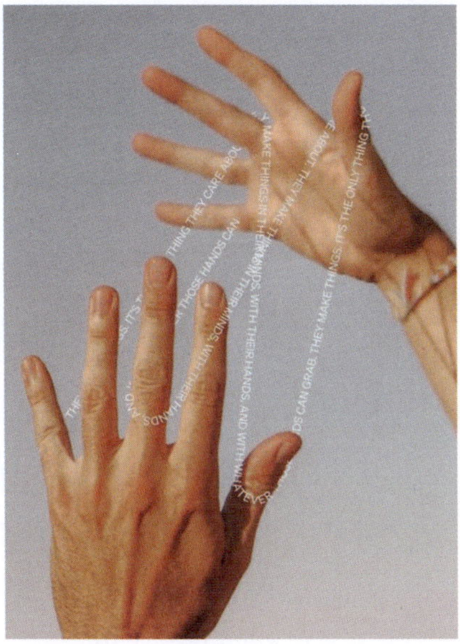

图 1-11

下图的设计师将高尔夫球的路径作为视觉引导线，其自然流畅的曲线或直线轨迹能够引导观者的视线从起点到达终点。高尔夫球作为一种运动元素，其路径本身就带有强烈的动态感和活力。设计师将文字与高尔夫球的路径相结合，使原本静态的文字信息动了起来，而这种动态感有助于提升海报的整体表达效果和吸引力。

图 1-12

3. 避免冗余与杂乱

在图文编排设计中，设计师还要注意保持版面的简洁与纯粹，去除不必要的装饰元素和冗余信息，减少视觉干扰，以确保关键信息突出显示，从而让观者迅速且清晰地捕捉到要点。

下面的示例展现了极简主义设计理念在海报及产品展示中的精妙运用。这两个设计作品均巧妙地将产品本身作为绝对的视觉焦点，摒弃了所有可能分散注意力的不必要的装饰与冗余信息，营造出纯粹而强烈的视觉冲击力。背景则采用了大面积的留白或极简的色彩处理方式。这种"少即多"的手法不仅没有让画面显得空洞，反而极大地提升了产品的存在感，使观者的目光能够自然而然地落在产品上，从而快速而准确地捕捉到产品的核心魅力。同时，这种设计也暗示了产品的高品质与独特性，因为只有对产品真正有自信，才敢如此大胆地做减法。

图 1-13

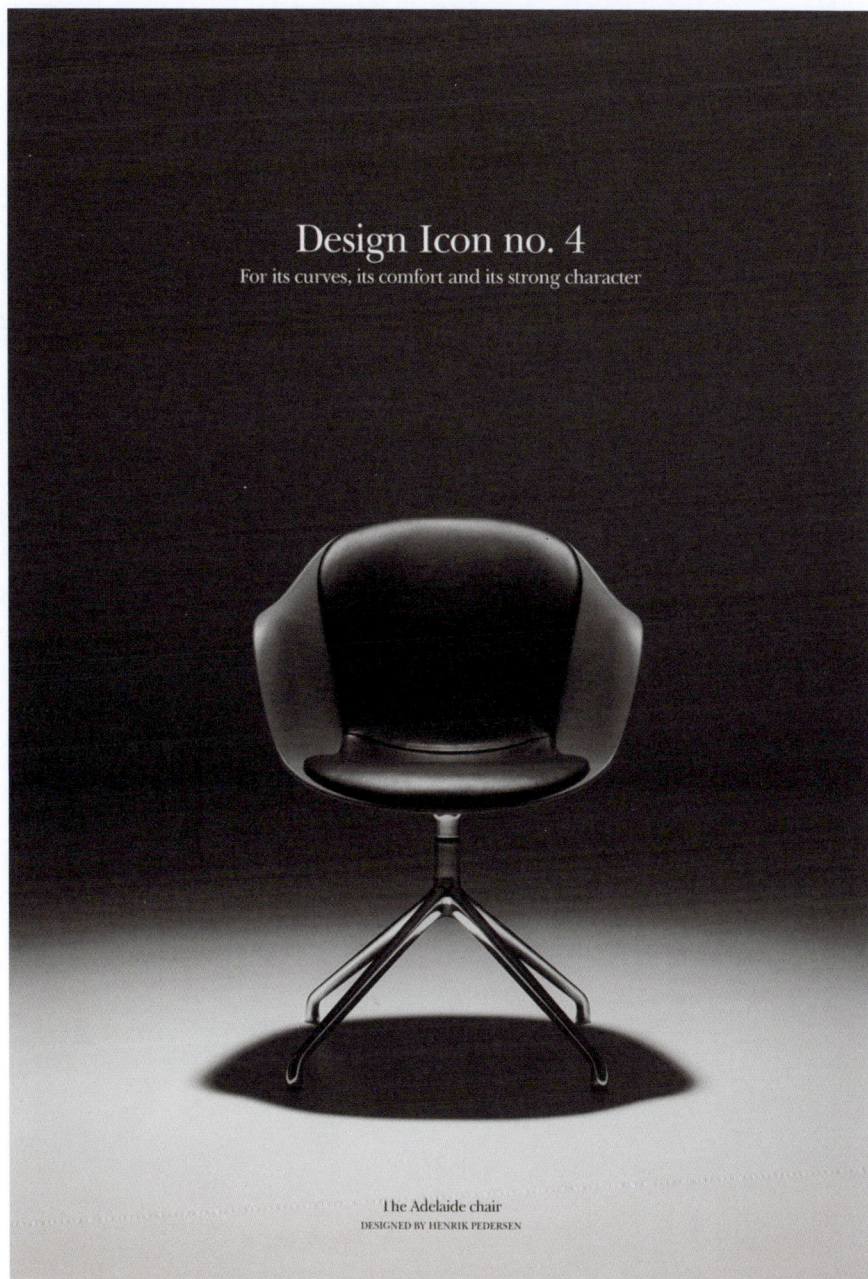

图 1-14

1.3.2 易读性

易读性是图文编排设计的核心要求，它直接关系到信息的有效传递与接收。具有良好易读性的图文编排设计能够确保信息以清晰、准确、吸引人的方式呈现给目标受众，从而提升信息的可读性和可理解度。提升易读性的方法包括使用合适的字体，选择合理的字间距与行间距，以及色彩搭配得当。

1．使用合适的字体

字体的风格应与图文编排设计的整体风格相协调。不同的字体风格呈现出不同的氛围和情感。在选择字体时，设计师需要考虑图文编排最终版式所要表达的主题和情感，以确保字体的风格与整体设计相契合，从而增强版面的视觉效果和感染力。此外，所选择的字体的线条要清晰可辨，尽可能避免使用过于复杂或难以识别的字体。

图 1-15

图 1-16

2. 选择合理的字间距与行间距

字间距，即字符之间的空间，对文字的清晰度与辨识度有着直接的影响。过小的字间距可能导致文字相互挤压，出现"粘连"现象，使观者在阅读过程中需要花费更多精力去区分每个字符，增加了阅读的难度和视觉负担。

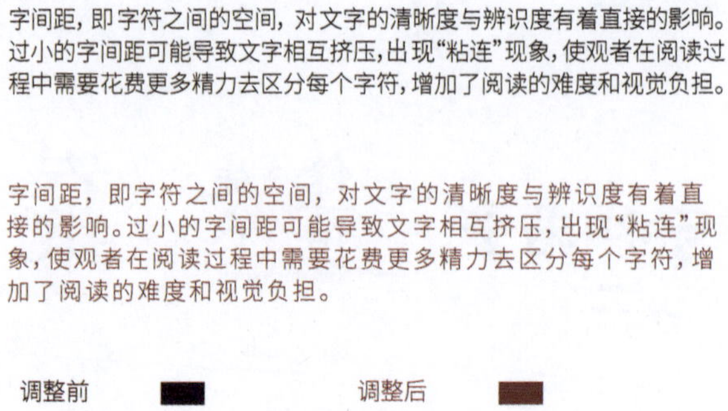

字间距，即字符之间的空间，对文字的清晰度与辨识度有着直接的影响。过小的字间距可能导致文字相互挤压，出现"粘连"现象，使观者在阅读过程中需要花费更多精力去区分每个字符，增加了阅读的难度和视觉负担。

字间距，即字符之间的空间，对文字的清晰度与辨识度有着直接的影响。过小的字间距可能导致文字相互挤压，出现"粘连"现象，使观者在阅读过程中需要花费更多精力去区分每个字符，增加了阅读的难度和视觉负担。

调整前　　■　　　　调整后　　■

图 1-17

数理等距

图文编排设计

图文编排设计

视觉等距

图文编排设计

图文编排设计

图 1-18

行间距，即行与行之间的空间，同样对阅读的舒适度有着不可忽视的影响。合理的行间距能够给予观者的眼睛足够的休息空间，使其视线在移动过程中得到自然的缓冲和调整。当行间距过小时，相邻两行文字可能会产生视觉上的干扰，让观者眼花缭乱，难以长时间集中注意力。

21pt字　25pt行间距

行间距，即行与行之间的空间，同样对阅读的舒适度有着不可忽视的影响。合理的行间距能够予观者眼睛足够的休息空间，使视线在移动过程中得到自然的缓冲和调整。当行间距过小时，相邻两行文字可能会产生视觉上的干扰，让观者眼花缭乱，难以长时间集中注意力。

25pt字　29pt行间距

行间距，即行与行之间的空间，同样对阅读的舒适度有着不可忽视的影响。合理的行间距能够予观者眼睛足够的休息空间，使视线在移动过程中得到自然的缓冲和调整。当行间距过小时，相邻两行文字可能会产生视觉上的干扰，让观者眼花缭乱，难以长时间集中注意力。

29t字　33pt行间距

行间距，即行与行之间的空间，同样对阅读的舒适度有着不可忽视的影响。合理的行间距能够给予观者眼睛足够的休息空间，使视线在移动过程中得到自然的缓冲和调整。当行间距过小时，相邻两行文字可能会产生视觉上的干扰，让观者眼花缭乱，难以长时间集中注意力。

21pt字　30pt行间距

行间距，即行与行之间的空间，同样对阅读的舒适度有着不可忽视的影响。合理的行间距能够给予观者眼睛足够的休息空间，使视线在移动过程中得到自然的缓冲和调整。当行间距过小时，相邻两行文字可能会产生视觉上的干扰，让观者眼花缭乱，难以长时间集中注意力。

25pt字　34pt行间距

行间距，即行与行之间的空间，同样对阅读的舒适度有着不可忽视的影响。合理的行间距能够给予观者眼睛足够的休息空间，使视线在移动过程中得到自然的缓冲和调整。当行间距过小时，相邻两行文字可能会产生视觉上的干扰，让观者眼花缭乱，难以长时间集中注意力。

29t字　38pt行间距

行间距，即行与行之间的空间，同样对阅读的舒适度有着不可忽视的影响。合理的行间距能够给予观者眼睛足够的休息空间，使视线在移动过程中得到自然的缓冲和调整。当行间距过小时，相邻两行文字可能会产生视觉上的干扰，让观者眼花缭乱，难以长时间集中注意力。

不同字号的不同行间距对比

图 1-19

3. 色彩搭配得当

色彩的选择应与内容和主题相契合，设计师可通过色彩来传递信息的氛围和基调。合理的色彩对比可提升易读性，因此应确保在文字与背景之间有足够的色彩对比度，以提高文字的辨识度。同时，字体的颜色也会影响易读性——合理的颜色搭配使信息更加突出和易于被观者捕捉。反之，过于刺眼或难以区分的色彩搭配可能会降低易读性，给观者带来不适。

vivo X100 系列手机选择与其机身相同的"青云"配色作为海报背景，极大地增强了品牌的视觉统一性。这种色彩上的一致性也是品牌辨识度的重要组成部分。在"青云"背景下，黑色字体以其高对比度和清晰度脱颖而出，极大地提升了文字信息的可读性。这对于表现产品特征与产品型号至关重要。

图 1-20

1.3.3 美观性

美观性是图文编排设计的艺术追求，体现了版面在有效传递信息的基础上对审美价值的不断探索与追求。美观性不仅要求版面在视觉上具有吸引力，能够瞬间抓住观者的眼球，而且要能够触动人心，让观者在欣赏的过程中有一种美的享受，并感受到心灵的愉悦。图文编排设计的美观性可以通过以下三个关键点来实现。

图 1-21

1．精心挑选设计元素

美观性的基础在于对设计元素的精心挑选。这些元素包括但不限于色彩、字体、图像、图形等关键元素。色彩应与版面主题相契合，通过对比与统一来营造视觉冲击力；字体的选择则需考虑其风格、可读性及与整体设计的协调性；图像和图形则应具有代表性，能够直观地传递信息并增强视觉吸引力。设计师通过精心挑选这些元素可以奠定版面美观性的基础。

2．巧妙组合与布局

在挑选了合适的设计元素后，巧妙地将它们组合在一起并布局于版面中，是实现美观性的关键。设计师应充分考虑各元素之间的比例、间距、排列方式等因素，基于对比、重复、对齐等原则来构建版面的层次感和节奏感。此外，合理的空间布局也是必不可少的，它能够使整个版面看起来和谐统一，进而提升阅读的舒适度和愉悦感。

图 1-22

图 1-23

3. 追求创新与个性

美观性的最高境界在于创新与个性的展现。在遵循设计原则的基础上，设计师应勇于尝试新的设计理念和表现手法，通过独特的创意和个性化的视觉元素来打造与众不同的版面效果。这不仅能够吸引观者的注意力，还能够体现出设计者的独特风格和审美追求。因此，在追求美观性的过程中，不断探索与创新是不可或缺的。

著名设计师潘虎的设计作品个性鲜明，充满了独特的艺术气息和人文关怀。他的设计作品的独特风格往往能够让人一眼识别出，这种风格既来源于他对美的独特理解和追求，也反映了他对生活的深刻洞察和感悟。潘虎的设计作品注重细节处理，每一根线条、每一种色彩都是经过精心雕琢的，力求达到完美。

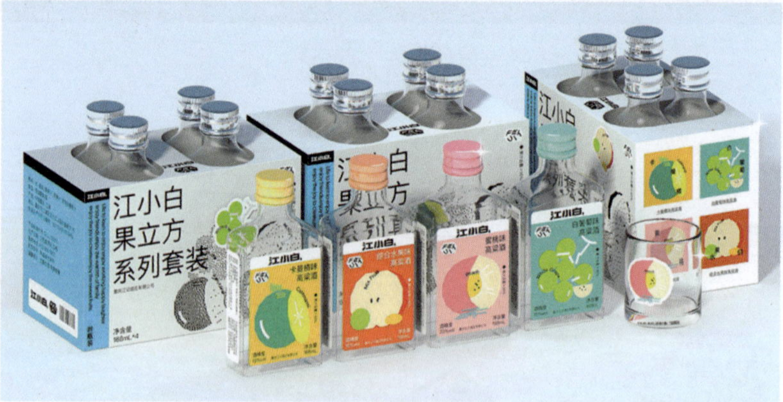

图 1-24

图 1-25

第二章
图文编排设计的基石

　　图文编排设计作为连接产品与用户的关键桥梁，其重要性不言而喻。充满抱负的设计师在设计过程中不仅会深深沉浸于对每一个细节的创新与打磨，还会尤为注重产品表现与宣发过程中图文编排设计的应用与探索。

　　本章内容聚焦于图文编排设计的形式要件与设计法则，深入剖析并探讨形式要件与设计法则的精髓。本章将从线条、形状/图形、图案与背景、颜色和肌理等方面逐一解析这些形式要件如何在图文编排设计中发挥关键作用。同时，本章还将详细阐述设计法则的具体应用，包括平衡、视觉层次、节奏等，帮助设计师掌握如何在图文编排中灵活运用这些法则，以实现设计理念的精准传达与品牌精神的深刻展现。

　　通过对本章的学习，读者将能够更加深入地理解图文编排设计的本质与魅力，掌握形式要件与设计法则的精髓与运用技巧，从而运用所学知识创作出既符合用户审美需求，又能够准确传达产品价值与品牌理念的优秀设计作品，为产品的成功推广与品牌形象的塑造贡献自己的力量。

2.1 形式要件 🖉

形式要件不仅是构建产品视觉叙事的基石，而且是传达设计理念与品牌精神的灵魂所在。形式要件如同精心雕琢的基石，共同构筑起产品与用户之间的沟通桥梁，让每一个细节都蕴含着深意与情感。

2.1.1 线条

点，作为构成线的基础单元，在理想状态下常被想象为圆形，但在屏幕显示的图片世界里，点以可见的单个像素形式出现，这些像素实际上是方形的，不论其是否包含色值信息。在数字绘画的广阔舞台上，一切创作元素均源自这些微小的点。

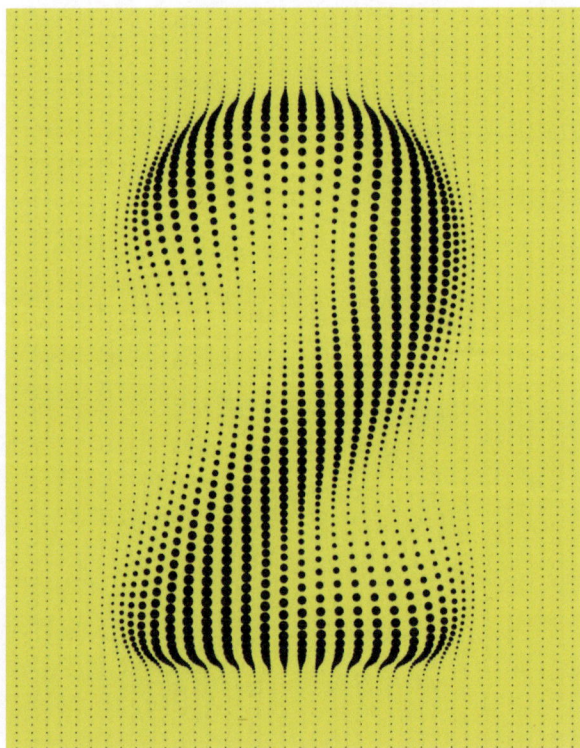

图 2-1

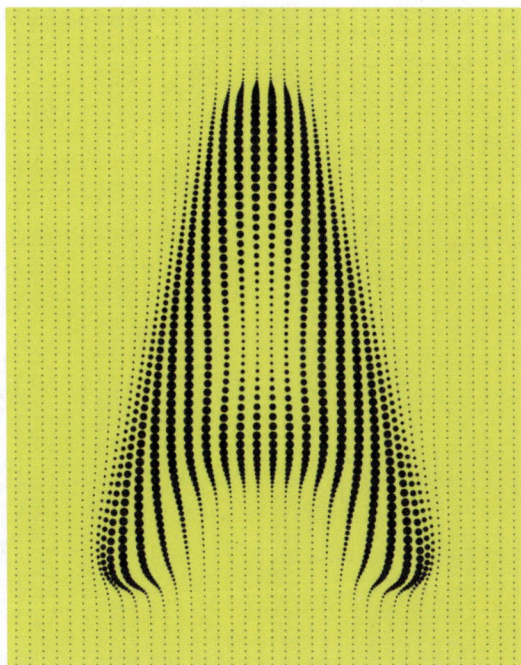

图 2-2

线，则是点的延伸与连续，可以被视为点在空间中移动所留下的轨迹。当可视化工具在媒介表面留下印记时，线条便应运而生了。这一创造过程并不拘泥于特定工具，铅笔的细腻、尖笔刷的犀利、软件工具的精准、手写笔的随性，乃至任何能留下痕迹的物体，都能成为绘制线条的媒介。线条的核心识别特征在于其长度远超过其宽度，这一属性赋予了线条独特的视觉形态。

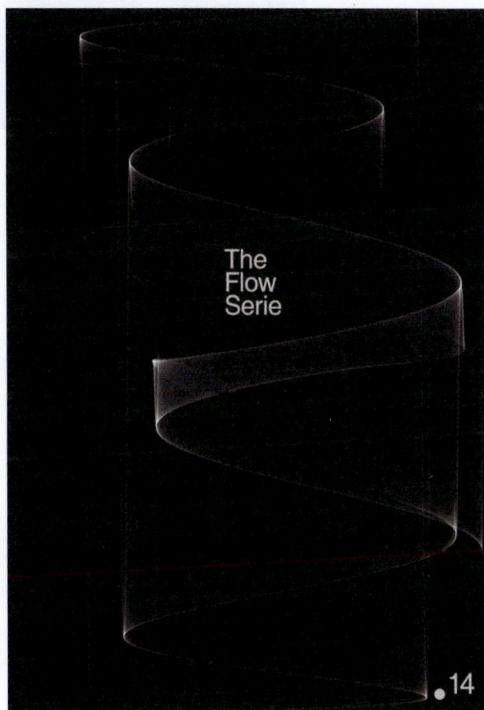

图 2-3

图 2-4

　　线条在构图与设计中的作用不可小觑，其不仅是视觉元素的连接者，而且是情感与信息的传递者。当你手握铅笔，笔尖轻轻划过纸面，一根线条便随之诞生——它具有明确的方向与独特的个性。线条的形态千变万化，可以是笔直的、蜿蜒的，也可以是带有棱角的，每一种形态都引导着观者的目光流转。此外，线条还蕴含着丰富的质感表达，从微妙细腻到粗犷豪放，从光滑流畅到粗糙质朴，从坚实有力到纤细柔美、再到规则有序与自由变幻，线条以其独有的语言讲述着每一个设计背后的故事。

2.1.2　形状/图形

　　形状或者图形，作为物体外观的基本描述，其核心在于物体轮廓，即物体边缘的界定。这一定义进一步延伸，将形状视为一种封闭的形式或路径，在二维平面上勾勒出特定的区域。这个区域不仅仅限于线条（轮廓）的勾勒，还可能包含颜色、色调或肌理的填充，这些共同构成形状的整体视觉效果。

形状的本质属性在于其平面性，即它是二维的，主要通过高度和宽度两个维度来界定。然而，形状的表现力远不止于此。其视觉特性深受绘制方式的影响，包括线条的粗细、曲直、色彩的搭配与过渡等。这些要素共同塑造了形状的独特视觉个性。

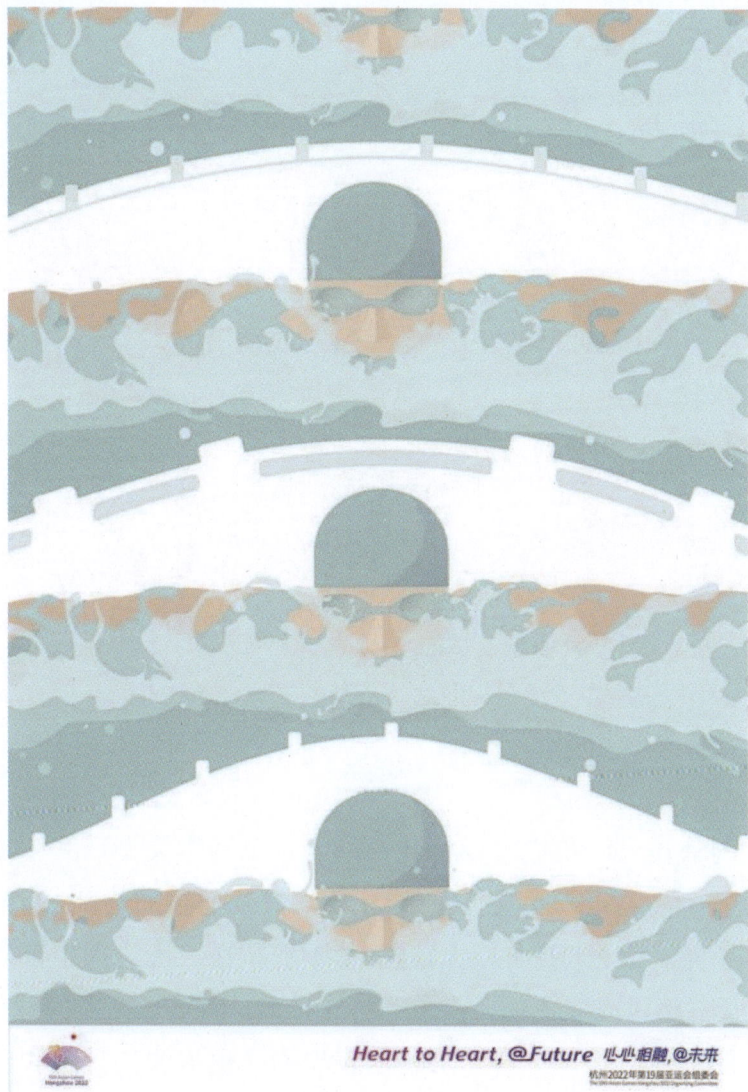

图 2-5

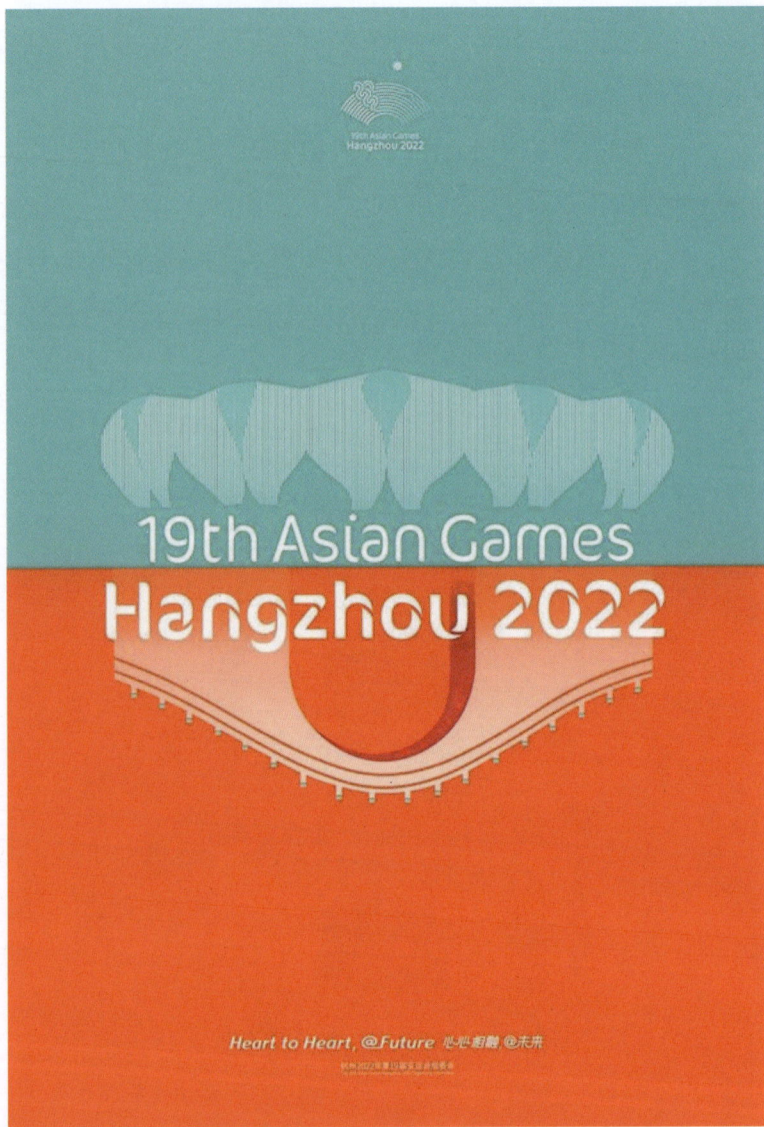

图 2-6

在形状的分类上，我们可以将其归纳为几个基本类型，其中最为人熟知的是正方形、三角形和圆形。这三种形状不仅是几何学的基础，也是构成复杂图形的基本单元。值得注意的是，这些基本形状在三维空间中都有其对应的立体形式：正方形对应立方体，三角形对应锥体，而圆形则对应球体。这种从二维到三维的延伸，不仅丰富了形状的表现力，也为我们理解和创造复杂的三维世界提供了重要的基础。

2.1.3　图案与背景

图案与背景，这一对概念在视觉艺术中占据着举足轻重的地位，它们共同构成了视觉感知的基石，存在正负空间的关系。在二维平面上，图案与背景之间的微妙互动，不仅影响着作品的视觉效果，还深刻地引导着观者的视觉体验与情感共鸣。

人脑作为视觉信息的处理中心，具备将复杂视觉场景中的图案元素与背景元素自动分离的能力，这是为了更有效地理解和解读作品所描绘的内容。然而，这种分离并非随意为之，而要基于一系列视觉提示，如色彩对比、明暗变化、线条引导等。这些视觉提示共同作用于观者的视觉系统，使图案得以从背景中"脱颖而出"，成为视觉的焦点。

图案，作为正空间的存在，往往以明确而易于识别的形状呈现，它们承载着作品的主要信息和情感表达。而背景，即负空间或空白区域，则是由图案之间所形成的形状或区域构成的。尽管在初看之下背景可能显得平淡无奇，但对于设计师而言，背景是作品不可或缺的一部分，其形态、色彩、质感等都与图案相呼应，共同构建出作品的整体氛围和视觉效果。

图 2-7

图 2-8

因此，设计师在创作过程中，必须始终将背景视为作品的有机组成部分，给予充分的关注与考量。精心设计背景，不仅可以增强图案的视觉效果，还可以引导观者的视线流动，营造出独特的视觉节奏和韵律。此外，将背景视为有形的负空间，也有助于设计师更全面地把握作品的整体布局和空间关系，从而创作出更加和谐、统一且富有表现力的作品。

2.1.4　颜色

颜色作为设计领域中的核心元素，其影响力不容忽视。颜色不仅是光能的一种表现形式，更是视觉感知中极为显著和富有表现力的部分。颜色的产生源于光线与物体表面的相互作用，特别是光线的反射现象。当光线照射到物体上时，物体会吸收部分光线，而将剩余的光线反射回去，这些反射光的波长决定了我们所看到的颜色。例如，番茄之所以呈现红色，是因为它吸收了红色光之外的所有光线，仅反射红色光。

色素，作为物体内部的天然化学物质或人工化学物质，对颜色的形成起着决定性作用。无论是自然界中香蕉的黄色、鲜花的红色，还是动物毛皮的棕色，都是由其内部的色素与光线相互作用而产生的。此外，通过向试剂中添加天然色素或人造色素，我们可以为纸张、油墨、塑料等物体着色，从而丰富我们的视觉世界。

值得注意的是，不同媒介上的颜色表现形式有所差别。通常，在物体的表面，我们看到的颜色主要是反射光；而在计算机屏幕上，颜色则是由特定波长的光能直接发出的，这种颜色被称为数字颜色。

为了更精确地描述和讨论颜色，人们引入了色相、明度和饱和度这三个要素。色相指的是颜色的基本名称，如红色、绿色等；明度则描述了颜色的明亮程度；而饱和度则反映了颜色的鲜艳程度，即色彩的浓度或强度。此外，颜色还可以根据其给人的感觉分为冷色和暖色，这种分类主要基于颜色所传达的温度感，而非实际的触觉温度。

因此，颜色作为设计中的重要元素，不仅具有高度的视觉显著性，还蕴含着丰富的信息和情感。通过巧妙地运用颜色，设计师可以创造出令人印象深刻的视觉效果，传递特定的信息和情感。

图 2-9　　　　　　　　　　　　　　　图 2-10

在印刷与屏幕媒介设计领域，若一个具备丰富经验和严谨态度的印刷技术人员能成为设计师的导师，则其重要性不言而喻。因此，无论是初学者还是资深的设计师，都应当掌握彩色印刷的基础知识，包括油墨的混合技巧、屏幕安全色的运用，以及印刷过程中的关键环节。

具体而言，颜色知识的基石在于对 CMYK 四色印刷原理的理解，即青（Cyan）、品红（Magenta）、黄（Yellow）和黑（Black）如何通过微小的油墨点叠加来形成万千色彩。此外，设计师还需深入了解油墨点分层产生色彩的具体过程，以及如何利用 Pantone 这一国际公认的油墨配色系统。其作为印刷行业的标准，确保了色彩在不同媒介上的高度一致性，虽然在电子屏幕上显示可能与实际打印效果有所差异。

为了确保设计作品最终输出的颜色准确无误，设计师与打印商建立紧密的合作关系至关重要。这种合作不仅仅限于简单的文件传输，还包括色彩管理、材料选择及工艺优化等方面的深入沟通。此外，设计师在选择油墨时也应考虑其环保属性，如无毒、不易燃、无污染等特性，力求在追求艺术效果的同时兼顾对环境的保护。

对于最终输出版面印刷与屏幕媒介设计的设计师而言，掌握全面的色彩知识，与专业人士紧密合作，并关注环保油墨的选择，是提升设计品质、确保作品完美呈现的关键所在。

2.1.5 肌理

肌理，作为表面质感的直接体现或对其的艺术再现，在视觉艺术领域内占据着举足轻重的地位。肌理可细分为触觉肌理与视觉肌理两大类。触觉肌理，顾名思义，是能够被实际触摸并感知的物理性表面特征，是实实在在存在的，可通过诸如压花、凹陷、冲压、雕刻及凸版印刷等先进印刷技术得以精妙呈现。

相比之下，视觉肌理则是一种巧妙的视觉错觉，它源于对真实表面质感的扫描、拍摄与再创造。设计师凭借精湛的绘图、绘画、摄影技巧，以及跨媒介的制图能力，能够创造出千变万化、令人惊叹的视觉肌理效果。

在设计中，肌理的运用深受设计师青睐。肌理不仅为观者带来直观而真实的视觉体验，而且是情感与信息传递的加速器。它巧妙地修饰画面，增强观者的情感共鸣，使版面信息以更加直观、生动的方式触及人心。

然而，肌理在版面编排中的表现需细分为如下两个层面。

第一个层面，作为视觉元素的基本属性，肌理与文字、图形及色彩等并列，共同构建版面的视觉语言。但其特殊性在于，纹路的走向与形态需与版面空间需求相契合，而非仅仅追求视觉上的冲击力。因此，在使用时需精心规划，确保肌理的纹理既满足审美需求，又服务于整体版面布局。

第二个层面，肌理在情感表达上具有深层次作用。初学者往往容易被肌理表面的视觉效果所吸引，而忽视了其内在的几何形态与造型潜力，导致作品虽视觉冲击力强，但缺乏深度与内涵。为了避免这一误区，设计师应深入挖掘肌理与内容和主题的内在联系，使肌理的纹路、色彩与形态共同营造出和谐统一的情感氛围，从而引起观者的情感共鸣，使信息传递更加高效、深刻。

图 2-11

肌理的使用与选择确实是灵活多样的，设计师既可以通过搜索选用现成的图片素材来快速获得所需的肌理效果，也可以根据设计内容的独特表达自行创造独一无二的肌理形态。对于追求高效与便捷的设计师而言，利用画笔工具在版面结构中自由添加、删减肌理元素，或者调整其颜色以适应版面的需求，无疑是一种简单而有效的方法。

这一过程的关键在于保持对版面平衡的敏锐感知。版面平衡不仅关乎视觉元素的分布与排列，还涉及整体视觉效果的和谐与统一。因此，在处理肌理时，设计师需时刻关注其在版面中的位置、大小、形状及色彩等元素，确保其与周围的文字、图形等元素相互协调，共同构建出稳定而富有美感的视觉效果。

值得注意的是，肌理的使用应服务于设计内容的表达，而非为了装饰而装饰。设计师应根据设计主题、情感氛围及目标受众等因素，精心选择或创造合适的肌理效果，使其能够增强画面的表现力，深化主题思想，引导观者的视觉与情感流向，从而达到最佳的信息传递效果。

总之，肌理在设计中的应用需遵循"和谐统一、内外兼修"的原则。既要发挥其独特的视觉魅力，又要确保其与内容和主题的紧密契合，这样才能创作出既具美感又富含深意的优秀作品。切忌盲目跟风或滥用肌理元素，以免迷失设计方向，偏离主题。

2.2 设计法则

设计法则，作为图文编排设计中不可或缺的指导，是设计师在创作过程中必须遵循的一系列严谨而富有创意的原则和规律。设计法则不仅规范了设计元素的组合方式，而且能引导设计师巧妙地运用这些元素来传递信息、激发情感，并打造出既美观又实用的视觉体验。

对此，设计师不仅要精通形式建构的基本元素（形式要件），如形状、线条、色彩与质感，还要将这些元素与创意构思、字体设计、图片处理及数据可视化等专业知识深度融合，确保在每个设计项目中都能灵活应用这些法则。

基本的设计法则彼此紧密相连，共同构筑了设计的基石。其中，平衡是确保设计作品稳定与和谐的关键，它通过在视觉中心两侧合理分配视觉元素，使设计作品达到一种平衡状态，从而增强构图的稳固性。此外，通过精心构建视觉层次，设计师能够巧妙地引导观者的视线，有效突出设计重点，进而提升信息传递的效果。统一则强调设计作品中各元素之间的内在联系与一致性，旨在创造一个整体协调、视觉关系明确的构图。而节奏，作为设计中的动态元素，通过图形元素间的视觉流动与脉冲，赋予设计作品以生命力和韵律感。

随着设计实践的深入，这些法则将逐渐内化为设计师的本能反应，成为其创作过程中不可或缺的条件性意识。然而，在设计生涯的初期，设计师需要时刻保持对这些法则的敏感与警觉，通过不断学习与实践，逐步提升自己的设计能力与审美水平。

2.2.1 平衡

平衡，作为设计领域直观且基础的原则，其理念深深植根于我们的日常运动体验之中。无论是瑜伽的静谧平衡、武术的动态均衡、体操的精确对称平衡，还是舞蹈的流畅协调平衡，都揭示了反向而均衡的动作是如何维系整体和谐的。在设计语境下，平衡同样至关重要。它依托于中心轴两侧视觉重心的均匀分配，以及构图内各元素间视觉重力的微妙调和，从而构建出一种视觉上的稳定与均衡。

平衡的设计追求形式上的和谐，深刻地影响着与观者（用户）之间的情感沟通。一个失衡的画面往往会引发观者的不适甚至反感，而精心构建的平衡画面则能带来稳定与安心的视觉体验，促进信息的正向传递。然而，值得注意的是，平衡仅是众多构图法则中的一环，设计师在创作时还需兼顾其他法则，如对比、重复、对齐等，以实现设计的整体协调与卓越。

要深入理解平衡，我们需细致探讨几个相互交织的视觉要素：视觉重量、元素位置及其排布方式。在二维设计的世界里，视觉重量并不是物理意义上的重量，而是一种相对的主观感受，它反映了元素在构图中的视觉吸引力和重要性。这一"重量"受到大小、形状、明度、色彩、肌理及元素在页面上具体位置的多重影响。例如，同一元素置于页面的不同位置（右下角、左下角、中央、右上角或左上角），其给人的视觉重量感受将大为不同。这种基于视觉感知的差异，使设计师能够巧妙地利用元素位置与排布方式，创造出既平衡又富有动感的设计作品。

- 对称平衡：这是一种视觉上的完美均衡状态，其中视觉元素在假想的中心轴两侧镜像分布，呈现出一种精确的对称性。这种分布方式可给人以和谐、稳定且宁静的视觉享受。近似对称则是对这一原则的微妙变通，虽不是完全镜像，但同样能营造出相似的和谐感与稳定感。

图 2-12

图 2-13

- 非对称平衡：与对称平衡不同，非对称平衡追求的是通过巧妙安排元素之间的视觉重量与配重关系，实现视觉上的对等分布，而非简单的镜像复制。这种非对称平衡的方式更加灵活多变，要求设计师具备深厚的视觉感知能力和构图技巧，以确保每个元素都能在其所在位置发挥出最佳的平衡作用，共同构成一幅既动感又不失和谐的画面。

图 2-14

图 2-15

2.2.2 视觉层次

图文编排设计的核心使命之一在于有效传递信息，而实现这一目标的关键策略便是构建清晰的视觉层次。设计师巧妙地运用视觉层次原理，对图形元素进行精心布局，依据其重要性进行排序与强调。在这一过程中，某些关键元素被赋予更高的视觉优先级，成为视觉焦点，吸引观者的注意力，而其他元素则自然而然地退居次要地位，作为辅助元素或背景存在。

简而言之，设计师扮演着导航者的角色。他们决定哪些图形元素应当首先跃入观者的眼帘，哪些图形元素紧随其后，以及哪些图形元素虽不显眼却不可或缺。通过这样的层次划分，设计师不仅确保了信息的准确传递，还赋予了作品以引导性和吸引力，使观者能够按照设计师预设的路径顺畅地接收并理解信息。

图 2-16

如果设计师在设计中无差别地强调所有元素，就会削弱任何单一的强调效果，最终导致视觉上的杂乱无章，让观者难以捕捉到核心信息。不论作品追求的是何种独特风格或表现形式，视觉层次的构建都是优化信息传递效果的关键所在。

焦点作为设计中的核心亮点，其确立与多种视觉元素息息相关。比如位置安排、尺寸调整、形状选择、方向引导、色彩搭配、明度对比、饱和度控制及肌理运用等，这些元素共同作用于焦点的形成。

图 2-17

在确立焦点后，设计师的任务并未结束，而是进入了一个新的阶段——引导观者的视线流动。通过巧妙的布局与引导线条，设计师能够确保观者的目光自然而然地从焦点出发，逐步探索设计作品的每一个角落，从而全面而深入地理解设计作品所传递的信息与情感。

2.2.3　节奏

在音乐与诗歌的韵律世界里，节奏常被视作一系列强弱交替的拍子所构成的节拍模式。同样，在图文编排设计的舞台上，元素强烈且连贯地重复能够编织出视觉的节奏，引领观者的目光在画面上移动。这种节奏不仅能通过元素的位置间隔营造出时间流动的感觉，还允许设计师像编曲一般创造模式，并灵活地做出中断、减速或加速等变化，为观者的视觉体验增添无限可能。

正如舞者深知稳定节拍对舞步与音乐和谐的重要性，跨越多页面的设计项目（如书籍装帧、网页设计、杂志排版及动态视觉呈现）也依赖以固定间隔排列的视觉元素来维持页面间的视觉连贯性。这好比舞蹈中那强有力的节拍，确保了整体表演的流畅与协调。同时，为了避免单调，融入多样化的元素与重点元素成为创造视觉兴趣点的关键，可使设计作品更加引人入胜。

图 2-18

节奏感的建立，离不开色彩、纹理、图案与背景的关系，焦点设置及平衡法则等多方面的协同作用。它们共同编织出设计的节奏，使每一个细节都服务于整体的和谐。

图 2-19

当观者浏览网站时，或许未曾深思，但平面设计师们早已巧妙地将文字与图片融为一体，通过统一的设计语言，让所有的元素相互呼应，共同构建出一个完整而富有张力的视觉整体。这种统一不仅让设计作品看起来和谐统一，更有助于观者深刻理解和长久记忆。

2.2.4　认知组织

认知组织是指在视觉设计中，尤其是在图文编排设计领域，为了优化信息的传递和理解，通过一系列设计原则和方法来组织和安排视觉元素（如文字、图片、色彩、空间等）的法则。该法则旨在帮助观者更容易地感知、理解和记忆信息，通过构建清晰的层次结构，运用网格系统，实现元素的对齐与平衡，以及合理运用色彩与对比等手段来引导观者的视线流动，提高信息的可读性和易理解性。简而言之，认知组织是设计师在版面布局中遵循的一套逻辑和美学原则，可确保信息以最有效的方式呈现给观者。

认知组织的实现方式有很多，有助于设计师创造出既美观又易于理解的版面布局。下面将对该法则进行简要的解释和扩展。

- 相似性：当元素在形状、纹理、颜色或方向等方面存在相似性时，人们会自然地认为这些对象属于同一类别或整体。这种相似性有助于从视觉上对元素进行分组，使信息更加有条理。例如，在一张图表中使用相同的颜色或形状来表示同一类别的数据点，可以帮助观者快速识别和理解数据之间的关系。

图 2-20

- 邻近性：空间上的邻近性也是形成视觉分组的重要因素。当元素在版面上彼此靠近时，它们更有可能被视为一个整体。这种邻近性可以通过调整元素之间的间距来实现，以创建清晰的分组和层次结构。

- 连续性：连续性指的是元素之间存在的可被感知的视觉路径或连接。这种连接可以是实线、虚线，也可以是色彩、纹理等视觉元素的渐变或重复。连续性有助于引导观者的视线流动，使版面具有动态感和方向性。例如，在一张流程图或信息图中，使用箭头或线条来连接相关的元素可以清晰地展示信息之间的流程顺序和逻辑关系。

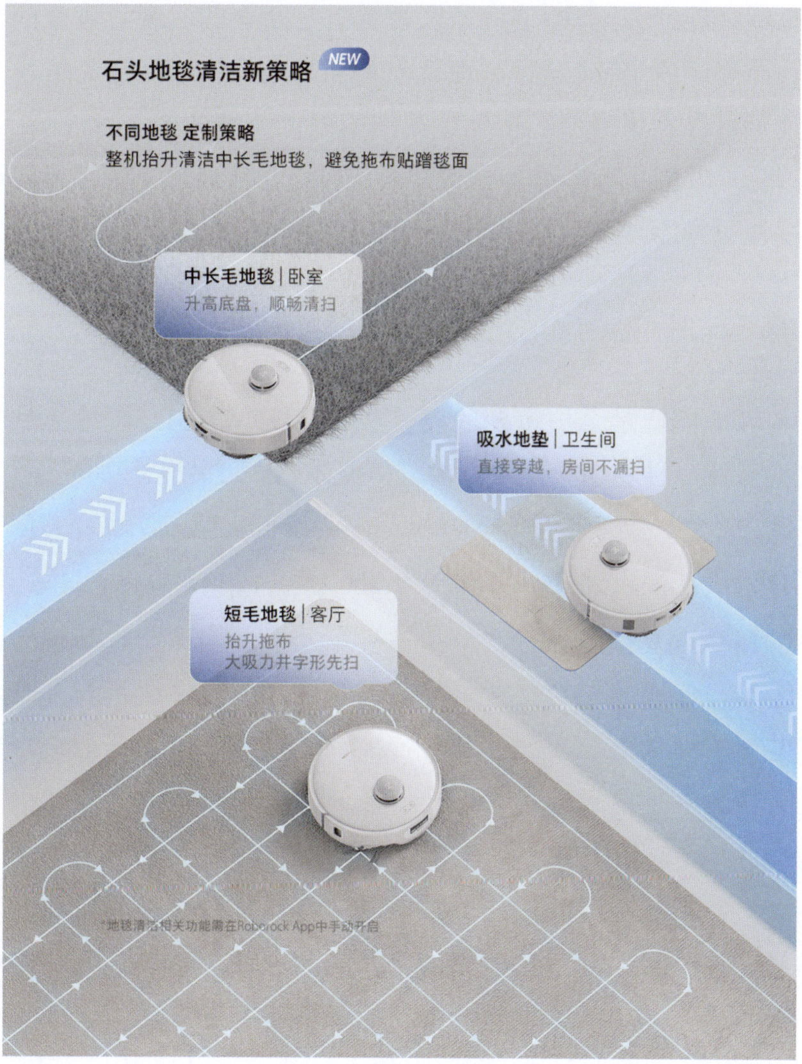

图 2-21

- 闭合性：人脑具有将不完整的元素补全为完整形式的倾向。这种心理现象被称为闭合性。在设计中，可以利用闭合性原理来创造简洁而富有想象力的视觉效果。例如，省略部分图形或线条来暗示整体形状，可以激发观者的想象力和参与感。

- 同向性：当元素以相同的方向移动或排列时，它们会给人一种统一和协调的感觉。这种同向性有助于强调元素的共同属性和整体趋势。例如，在一张海报中，将所有文字和图形元素按照相同的方向排列和布局，可以营造出一种强烈的视觉冲击力和动感。

- 隐形线（连续线）：即使线条在视觉上是断裂的，观者也倾向于将其视为一个连续的整体。这种心理现象被称为隐形线或视觉完形。在设计中，设计师可以利用隐形线来创造流畅的视觉流动效果。例如，在一张插画中，设计师通过巧妙的布局和元素安排，可以暗示一条隐形的运动轨迹或视线引导路径，从而引导观者的视线按照设计师的意图流动和停留。

2.2.5　统一与呼应

统一与呼应同样是至关重要的设计法则。统一指的是设计作品中各个元素在视觉上保持一种和谐、一致的状态和整体感。如果设计中的各个元素（如色彩、字体、形状、纹理、空间等）相互协调、相互呼应，就能够创造出一种统一的整体效果，使设计作品看起来更加和谐、有序和专业。

设计师精心重复使用色彩、形状等视觉元素，构建一种独特的风格框架（如线性美学），实则是在这些元素间编织起细腻的视觉纽带与共鸣，创造出一种和谐共生的视觉语言。呼应，作为设计手法的精髓，旨在通过形式上的相似性构建于构图中孕育出家族般的统一感与辨识度。

同理，若设计师着手设计一系列文具用品，如信纸、信封与名片，则需秉持统一与呼应原则，巧妙处理文字编排、形状轮廓、色彩搭配及图形元素，确保它们能够相互映衬，共同编织出成套产品的和谐美感，让每一件单品都能讲述同一个故事。

统一性，作为构图艺术的核心追求之一，旨在将各个部分融合为一个不可分割的整体，构建一个既统一又富有层次感的视觉世界，而非零散碎片的堆砌。

在系列设计领域，如一套书籍装帧，其每一册的封面通过统一的构图结构、对齐方式、色彩搭配、排版布局及视觉元素，形成了既各自精彩又相互呼应的统一体。

同样，在网站设计中，每个页面的设计都需遵循统一与呼应的原则，确保用户在浏览过程中能够迅速建立熟悉感与操作直觉，这种设计策略极大地提升了用户体验的流畅度与满意度。

为了实现统一与呼应的设计效果，设计师需精心策划并执行一系列策略，以确保设计作品中的每个细节都能和谐共融，共同传递出清晰而一致的信息。以下是对这些策略的举例分析。

- 确定一个明确的设计主题和风格。

策略解析：设计之初，确定一个贯穿始终的主题和风格是至关重要的，不仅能为设计提供明确的方向，还能确保所有元素都围绕这一核心展开，形成统一的视觉语言。

- 使用一致的色彩搭配和色调范围。

策略解析：色彩是设计中极具表现力的元素之一。通过使用一致的色彩搭配和色调范围，设计师可以营造出和谐统一的视觉效果，从而增强设计的整体感。

- 选择适合的字体和排版风格，并保持其在整个设计作品中的一致性和连贯性。

策略解析：字体和排版风格是设计中传递信息的重要载体。选择适合的字体和排版风格，并保持其在整个设计作品中的一致性和连贯性，可以确保信息的有效传递，同时增强设计的整体美感。

- 运用相似的形状、纹理和图案元素。

策略解析：形状、纹理和图案是设计中不可或缺的元素。通过运用相似的形状、纹理和图案元素，设计师可以在设计中创造出一种视觉上的连贯性和统一性。

● 注意空间布局的平衡和对称。

策略解析：空间布局是设计中至关重要的环节。通过合理的空间分配和布局安排，设计师可以实现设计的平衡和对称，使设计作品在视觉上呈现出稳定和均衡的效果。

图 2-22

图 2-23

　　值得注意的是，统一性并不排斥多样性。在设计中，统一性和多样性是两个相辅相成的概念，它们共同构成了设计作品的表现力和整体魅力。

　　统一性强调的是设计作品中各个元素之间的和谐统一，明确的主题、风格、色彩搭配、字体选择、排版布局及空间布局等策略可使设计作品在视觉上呈现出连贯性和整体感。这种统一性有助于提升设计的识别度、专业性和美感，使观者迅速捕捉到设计作品的核心信息和风格特点。

　　然而，如果设计师只追求统一性而忽略了多样性，那么设计作品可能会显得单调乏味，缺乏层次感和变化。因此，在保持统一性的基础上，设计师还需要巧妙地融入多样性元素，以丰富设计作品的内涵和表现力。

2.2.6 比例

在设计的语境下，比例是指某一图形元素相对于其周围或组合中其他图形元素的大小关系。这一核心概念根植于图形元素间尺寸对比的微妙平衡中。为了具象化这一抽象概念，历史上建筑师常采用的一个巧妙手法是，在建筑设计模型或蓝图旁巧妙地安置一个等比例缩小的"小人"。这一做法不仅直观呈现了建筑物的宏伟规模，也让观者能瞬间把握建筑物与人之间的对比关系。

图 2-24

通常，通过与其他视觉元素的细致对比，设计师能够更加精准地感知某一元素的大小特征。在设计实践中，比例的运用往往遵循现实世界的逻辑。比如，设计师会基于日常经验，自然而然地知道苹果的大小远不及一棵树，这种对自然比例的尊重使设计作品更易于被理解和接受。

然而，设计的魅力也在于其无限的创造力与想象力。当设计师打破常规，故意改变元素间的比例关系，使之与我们在日常生活中所见的常态大相径庭时，这种非传统的比例运用便能创造出令人惊奇的视觉效果——或是超现实主义的梦幻场景，或是荒诞不经的趣味构图。比如，一个将花朵绘制得比房屋还大的插画，或者一个将人物缩小至与昆虫并肩漫步的动画，都通过颠覆性的比例安排带给观者强烈的视觉震撼，并引起情感共鸣。

学习控制比例的重要性不仅仅限于遵循设计的基本原则，其更深层次的原因体现在以下三个方面。

1. 增强视觉丰富性

巧妙地控制比例能够赋予作品独特的层次感和多样性，使观者在欣赏过程中不断发现新的视觉焦点，从而提升作品的整体观赏价值和吸引力。通过精心调整各个元素之间的大小关系，设计师能够创造出既和谐又富有变化的视觉效果，让设计作品更加引人入胜。

图 2-25

图 2-26

2. 提升对比度和活力

比例作为设计中的一个关键因素，能够显著增强形状或形式之间的对比效果。当不同元素以恰当的比例相互搭配时，它们之间的差异性会被放大，进而产生更强烈的视觉冲击力。这种对比不仅能让设计作品显得更加生动有力，还能有效吸引观者的注意力，引导其深入探索设计作品的内涵。

图 2-27

图 2-28

3. 创造三维空间错觉

巧妙地控制比例还能在二维平面上营造出三维空间的效果，使设计作品具有更加深邃和立体的视觉效果。通过模拟现实世界中物体间的透视关系和大小比例，设计师可以引导观者的视线在平面上流动，从而感受到一种超越二维限制的空间体验。这种设计不仅增强了作品的表现力，也让观者在欣赏过程中获得更为丰富的视觉体验。

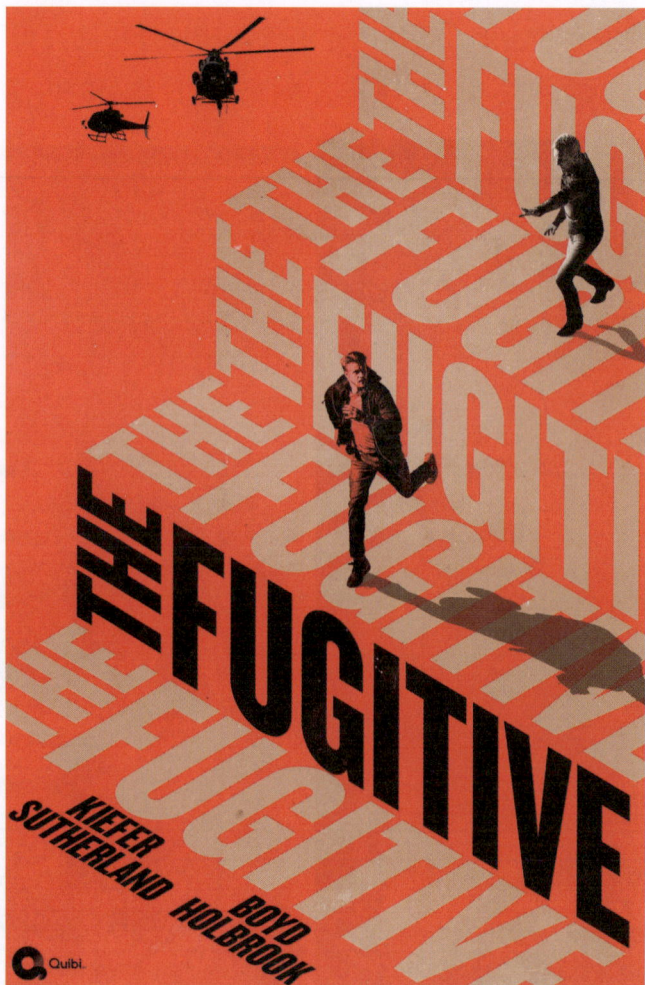

图 2-29

第二章 总结

第三章
文字的排印

　　在广阔的文字世界里，排印艺术如同航行中用的罗盘，能帮助读者在信息的浪潮中找到前行的方向。排印不仅是文字与文字间隔的体现，而且是文字的呼吸与节奏的体现。它赋予文本结构，使其在视觉上和谐、在表达上明确。正如音乐需要节奏与旋律，文字的排列同样需要艺术的巧思。

　　在本章，我们将探讨排印的起源、发展及其应用。通过对经典与现代排印案例的分析，我们将揭示如何通过精巧的设计让文字在版面上完美呈现。希望读者在阅读这些内容后，能够更深入地理解排印这门艺术的精妙，并在日常的阅读与写作中感受到排印的独特魅力。

3.1 文字元素

　　在排版设计中，文字不仅是信息传递的工具，还是视觉设计的核心组成部分。排版设计师通过精心调整字体、字距、行距和字号等要素，确保文本既具备良好的可读性，又能呈现出优雅的视觉效果。

字体的选择是排版设计的第一步。不同的字体风格能传递不同的情感与气质。比如，衬线字体通常用于正式场合，营造经典与庄重的氛围；而无衬线字体则适用于科技或创新领域的内容，展现出现代与简约的风格。合适的字体不仅能强化文字与内容的契合度，还能提升读者的阅读体验。

字距和行距的调整同样是排版设计中的重要环节。恰当的字距能够避免文字显得过于稀疏或紧凑，从而确保每个文字的清晰度。行距则直接影响段落的视觉呈现与阅读流畅度。行距过小会使文本显得密集，行距过大则可能破坏文本的连贯性。找到字距与行距的最佳平衡能够显著提升文本的可读性与整体视觉效果。

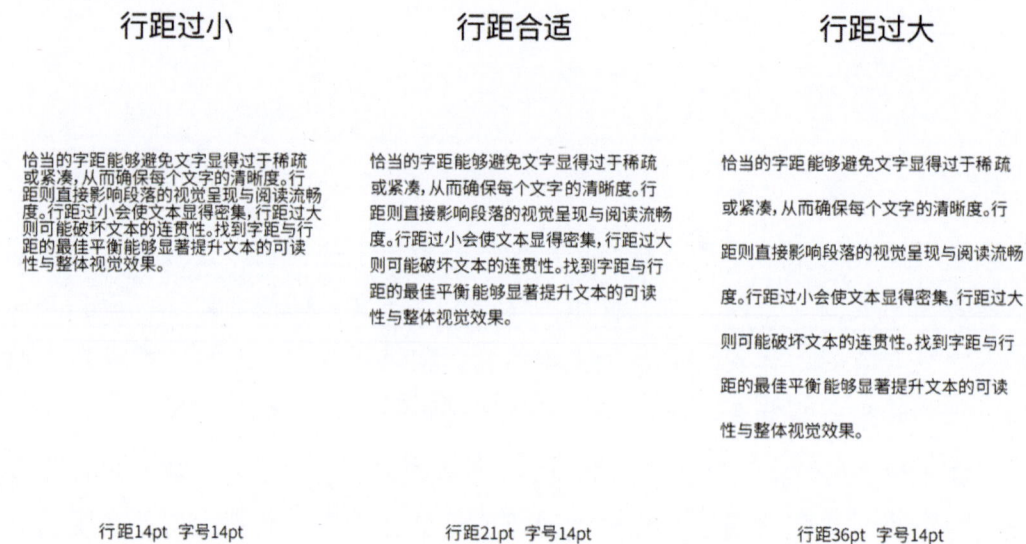

行距过小	行距合适	行距过大
恰当的字距能够避免文字显得过于稀疏或紧凑，从而确保每个文字的清晰度。行距则直接影响段落的视觉呈现与阅读流畅度。行距过小会使文本显得密集，行距过大则可能破坏文本的连贯性。找到字距与行距的最佳平衡能够显著提升文本的可读性与整体视觉效果。	恰当的字距能够避免文字显得过于稀疏或紧凑，从而确保每个文字的清晰度。行距则直接影响段落的视觉呈现与阅读流畅度。行距过小会使文本显得密集，行距过大则可能破坏文本的连贯性。找到字距与行距的最佳平衡能够显著提升文本的可读性与整体视觉效果。	恰当的字距能够避免文字显得过于稀疏或紧凑，从而确保每个文字的清晰度。行距则直接影响段落的视觉呈现与阅读流畅度。行距过小会使文本显得密集，行距过大则可能破坏文本的连贯性。找到字距与行距的最佳平衡能够显著提升文本的可读性与整体视觉效果。
行距14pt 字号14pt	行距21pt 字号14pt	行距36pt 字号14pt

图 3-1

段落设计直接影响文本的结构和层次感。合理的段落布局不仅有助于区分不同的思想内容或主题，还为读者提供了视觉上的间歇，可优化整体阅读体验。通过调整这些文字元素，排版设计师能够创造出既美观又实用的版面，让文字呈现出更丰富的表达效果。

在排版中，文字不仅是视觉信息的载体，而且是塑造阅读体验的关键工具。通过对文字的精心排列与组合，排版设计师赋予文本新的生命，使其易读且具观赏性。

未来社交
revome
城市，
→地
→标，
年轻人○
城市，
→地
→标，
city#
young people

图 3-2

（ ）家具
Pure wood
现代 ——→
简约家具
采用全橡木打造，用料扎实，
好质感一眼可见，
恰到好处的折角和弧度，可拼接的模块结构，
让储物变得千变万化，灵活又高效。
It is made of full oak with solid materials,Good texture can be seen at a glance,
Right angle and radian, splicing module structure,
Let the storage become ever-changing, flexible and efficient.
¥:268.00

图 3-3

3.1.1 字号

字号是用于表示字体大小的印刷单位。在现代电子排版技术普及之前，中国及其他部分东亚国家广泛使用活字印刷术。那时，字体大小通过活字的号数来表示。号数越小，字体越大。

自活字印刷术发明以来，字号标准一直没有统一。字号制度的起源可以追溯到 1858 年。当时，美国传教士姜别利在上海美华书馆负责印刷工作，他借鉴了美国活字尺寸的标准体系，推动了汉字印刷标准化的字号制度。姜别利不仅制定了汉字字号的标准，还创新地为这些字号分配了编号，最终确立了七种不同规格的字号体系。

表 3-1 美华书馆的字号

号数	中文名	英文名	点数
一号	显字	Double Pica	28pt
二号	明字	Small Double Pica	21pt
三号	中字	Two-line Brevier	16pt
四号	行字	English	14pt
五号	解字	Small Pica	10.5pt
六号	注字	Brevier	8pt
七号	珍字	Small Ruby	5.25pt

后来，新增了大尺寸的"初号"（相当于五号的四倍），并结合了西文的排字单位，采用了与"英美点"制相对应的字号系列。这些新字号系列的名称通常带有"新"或"小"的字样。

号数制的主要缺点在于不同字号之间没有固定的倍数关系。虽然可以说一号字比二号字大，二号字比三号字大，但一号字并不是二号字的两倍大。号数可以分为几个系列。

- 四号系列：包括一号、四号、小六号（对应尺寸为 28pt、14pt、7pt 或 27.5pt、13.75pt、6.875pt）。
- 五号系列：包括初号、二号、五号、七号（对应尺寸为 42pt、21pt、10.5pt、5.25pt）。

- 六号系列：包括三号、六号、八号（对应尺寸为 16pt、8pt、4pt）。

- 小五号系列：包括小初、小二、小五（对应尺寸为 36pt、18pt、9pt）。

号数制对中国的字体排版产生了深远影响。中国的印刷业长期采用以号数制为主、点数制为辅的混合制。当提到"活字大小"时，通常使用"字号"这一术语。例如，描述活字尺寸时，可以说"正文排版字号为五号"。在中国国家标准《党政机关公文格式》（GB/T 9704—2012）中，"5.2.2 字体和字号"部分规定，如无特殊说明，公文格式各要素一般用 3 号仿宋体字。而在中文版的微软 Word 软件中，字号下拉菜单首先显示的是汉字的"号数"，随后才是阿拉伯数字的"点数"。

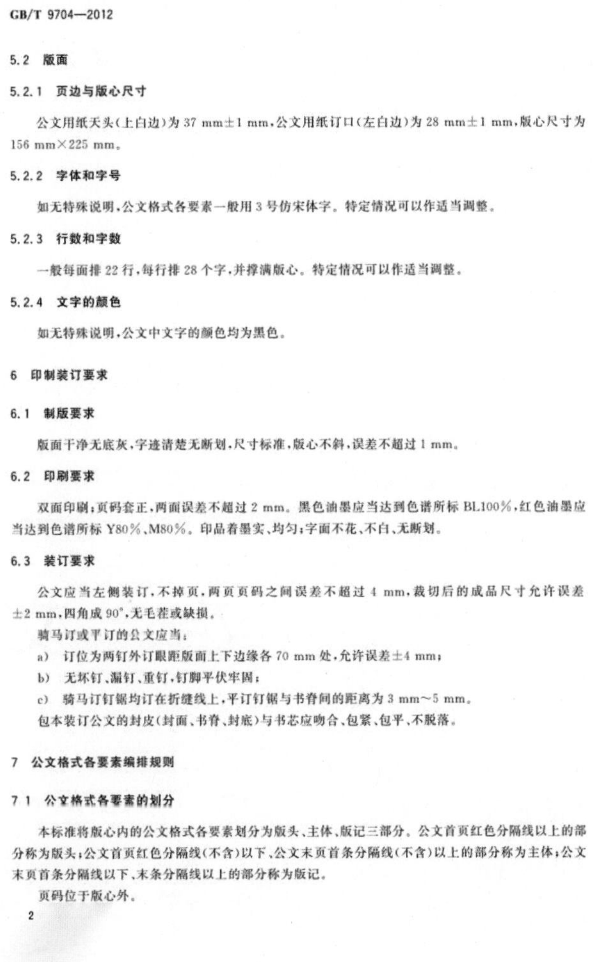

GB/T 9704—2012

5.2 版面

5.2.1 页边与版心尺寸

公文用纸天头（上白边）为 37 mm±1 mm，公文用纸订口（左白边）为 28 mm±1 mm，版心尺寸为 156 mm×225 mm。

5.2.2 字体和字号

如无特殊说明，公文格式各要素一般用 3 号仿宋体字。特定情况可以作适当调整。

5.2.3 行数和字数

一般每面排 22 行，每行排 28 个字，并撑满版心。特定情况可以作适当调整。

5.2.4 文字的颜色

如无特殊说明，公文中文字的颜色均为黑色。

6 印制装订要求

6.1 制版要求

版面干净无底灰，字迹清楚无断划，尺寸标准，版心不斜，误差不超过 1 mm。

6.2 印刷要求

双面印刷：页码套正。两面误差不超过 2 mm。黑色油墨应当达到色谱所标 BL100%，红色油墨应当达到色谱所标 Y80%、M80%。印品着墨实，均匀：字面不花、不白、无断划。

6.3 装订要求

公文应当左侧装订，不掉页，两页页码之间误差不超过 4 mm，裁切后的成品尺寸允许误差±2 mm，四角成 90°，无毛茬或缺损。

骑马订或平订的公文应当：

a) 订位为两钉外订眼距版面上下边缘各 70 mm 处，允许误差±4 mm；

b) 无坏钉、漏钉、重钉，钉脚平伏牢固；

c) 骑马订钉锯均订在折缝线上，平订钉锯与书脊间的距离为 3 mm～5 mm。

包本装订公文的封皮（封面、书脊、封底）与书芯相吻合、包紧、包平、不脱落。

7 公文格式各要素编排规则

7.1 公文格式各要素的划分

本标准将版心内的公文格式各要素划分为版头、主体、版记三部分。公文首页红色分隔线以上的部分称为版头；公文首页红色分隔线（不含）以下、公文末页首条分隔线（不含）以上的部分称为主体；公文末页首条分隔线以下、末条分隔线以上的部分称为版记。

页码位于版心外。

2

图 3-4

由于传统铅字的大小标准在不同厂家之间存在差异，也就是说各厂家的"号数"实际大小并不统一，因此各自换算出的点数存在差异，需要特别留意。

3.1.2　字体与字形

在字体排印学中，字体是由一组具有共同设计特征的字形组成的集合。每种字体中的字形都具有特定的字重、风格、宽度、倾斜度、斜体、装饰，以及设计师或铸字厂的标识。例如，ITC Garamond Bold Condensed Italic 指的是 ITC Garamond 系列中的粗体、紧缩、斜体版本，这与 ITC Garamond Condensed Italic 或 ITC Garamond Bold Condensed 不同，但它们都属于 ITC Garamond 字体系列。ITC Garamond 与 Adobe Garamond、Monotype Garamond 不同，这些字体都是 16 世纪 Garamond 字体的不同替代版本或数字化更新。全球拥有数以万计的字体，且新字体也在不断开发中。

字体设计是指设计字体的艺术与工艺。从事这一工作的专业人员被称为字体设计师，他们通常受雇于字体开发公司。每种字体都是由多个字形组成的集合，字形代表字母、数字、标点符号或其他符号。同样的字形可以用于不同的文字系统，比如罗马大写字母 A、西里尔字母 A 和希腊字母 Alpha 看起来就很相似。此外，还有一些字体是为特定用途设计的，如地图绘制、占星术或数学符号。

在数字印刷和桌面出版技术兴起之前，字体和字形这两个术语的含义更加明确。如今，它们常常被混淆。字形，指的是某个字的独特笔画方向或位置，这些特征使字形彼此区分。例如，同一个汉字可能因繁体字或其他旧字形的使用而表现出不同的字形。如果将字形比作一个字的骨架，那么字体就是覆盖在骨架上的肌肉。在图文的不同字体比较中，尽管不同汉字或西文字母的字形相同，但它们的字体风格却有所不同。

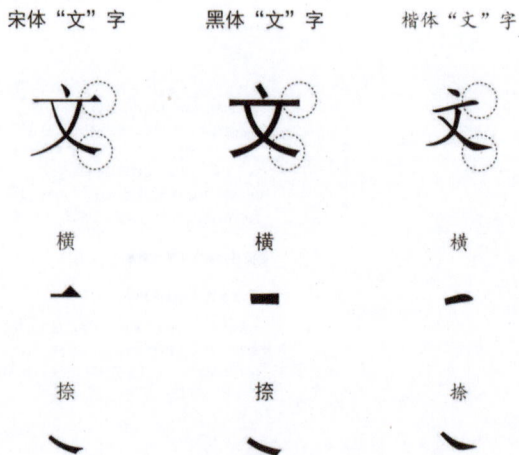

宋体"文"字　　黑体"文"字　　楷体"文"字

文　　文　　文

横　　横　　横

捺　　捺　　捺

图 3-5

3.2 字体术语 🖊

3.2.1 字重

字重，指的是字体在视觉上表现出的粗细程度。调整字重可以让字体显得更加轻盈、厚重或介于两者之间，这在排版中用于突出或区分不同的文本层次。例如，思源黑体就提供了七种不同的字重选项。

Helvetica（赫尔维提卡体）是一种广泛使用的无衬线字体，专为拉丁字母设计。它由瑞士设计师马克斯·米丁格和爱德华·霍夫曼于 1957 年创作。Helvetica 提供了多种字重，以适应不同的排版需求。

具体的字重如下：

- Extra Light（极细）；
- Light（细体）；
- Normal/Regular（常规体）；
- Medium（中等）；
- Bold（粗体）；
- Heavy（特粗）；
- Black（超粗）。

字重与变体示例：

图 3-6

Helvetica
Medium Condensed

Helvetica
Medium

Helvetica
Medium Extended

Helvetica
Bold Condensed

Helvetica
Bold

Helvetica
Bold Extended

Helvetica
Heavy Condensed

Helvetica
Heavy

Helvetica
Heavy Extended

Helvetica
Black Condensed

Helvetica
Black

Helvetica
Black Extended

图 3-6（续）

3.2.2 字干

字干是指字体中垂直或接近垂直的主要笔画部分，通常是字母或汉字中最关键的线条之一，在字体设计和排版中起着至关重要的作用。字干的粗细和形状会直接影响字体的整体视觉效果和可读性。

黑体字母N和n的字干对比

N n

N n

图 3-7

在不同的字体中，字干可能有不同的表现形式。在无衬线字体中，字干通常是笔直且没有装饰的；而在衬线字体中，字干可能会带有装饰性的衬线或变化。在宋体、黑体、楷体这三种字体中，"图"字的字干粗细不同，带给人的整体视觉感受也有所不同。其中，黑体的字干较粗，较为厚重；宋体的字干则相对纤细；楷体的字干则呈现上下方向的粗细过渡，视觉上更为灵动。由此可见，字干的设计对于展现字体的风格和特征至关重要。

宋体　　　黑体　　　楷体

图 3-8

3.2.3　字怀

在字体排印学中，字怀（也被称为字谷）是指字母结构中完全封闭或部分封闭的内部空间。在拉丁字母中，具有封闭字怀的字母包括 A、B、D、O、P、Q、R、a、b、d、e、g、o、p 和 q，具有开放字怀的字母有 c、f、h、s 等。此外，数字 0、4、6、8 和 9 也具有字怀。字怀与字母外部空间之间的开口被称为字怀开口。

在对不同的字体进行设计时会有不同的开口大小，而开口的选择对于无衬线字体的设计至关重要。在一些无衬线字体的设计中，笔画可能较粗，而字怀开口则较小。以苹果公司的 San Francisco（SF）字体为例，其分为两个子字体系列，分别为 Text 和 Display。这就是所谓的"光学尺寸"。Text 字体适用于较小的文本，字怀开口更大，字母间距较大；Display 字体适用于较大的文本，字怀开口较小，字母间距较小。

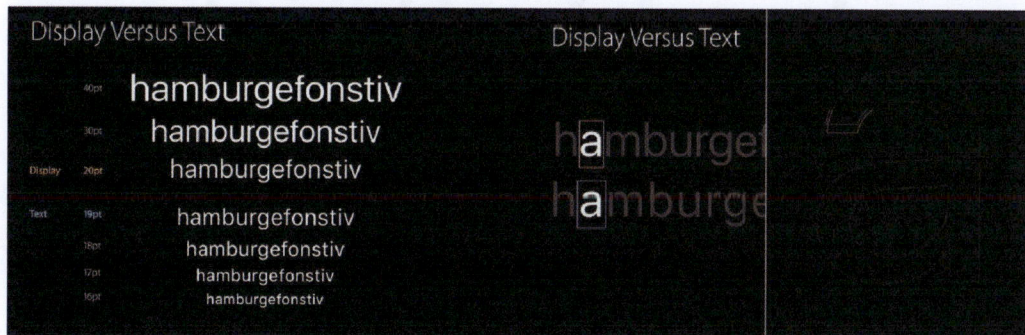

图 3-9

为了提高易读性，字体通常会设计得开口外扩。为避免相似字符被混淆，追求易读性的字体常常采用敞开的笔画和均匀的布局。这种设计在某些应用场合尤为关键，比如远距离观看的标识、为视力障碍者设计的阅读材料或低精度印刷的小字内容。具有外扩开口的字体不仅包括用于低分辨率屏幕显示的字体，如 Lucida Grande、Trebuchet MS、Corbel 和 Droid Sans，还包括如 Frutiger 和 FF Meta 等印刷用字体。自 20 世纪八九十年代以来，人文主义无衬线字体的流行使得外扩开口的设计变得更加普遍，这是因其适应了计算机屏幕显示的需求。

新无衬线字体如 Helvetica 的字怀开口则较小，笔画末端紧密折叠。这种设计使字体独特而紧凑，但也可能会降低相似字母的可区分性。趋向于闭合和高度紧缩的字体，如 Impact 和 Haettenschweiler，在小字印刷时可能会导致某些字符，如数字 8 和 9，变得难以辨认。一位设计师指出，这种设计趋势类似于 19 世纪 Didone 衬线字体的设计，可能是为了减轻活字磨损，从而延长活字的使用寿命。

3.2.4 字碗

英文 Bowl 的原意是碗，这里指的是大写字母 C 或 O 或者小写字母 b 或 o 等的曲线笔画。

衬线字体Times New Roman

无衬线字体Arial

图 3-10

3.2.5 衬线

衬线是指字体笔画末端的装饰部分，通常呈爪状或直线状。

括弧型衬线（Bracketed Serif）：指带有柔和曲线的衬线。带有这种衬线的罗马正体字体中，17 世纪及其之前风格的字体被称为老式罗马正体。

图 3-11

极细型衬线（Hairline Serif）：指非常细小的衬线。这种带有细衬线的字体从 18 世纪开始出现，被称为现代罗马正体。

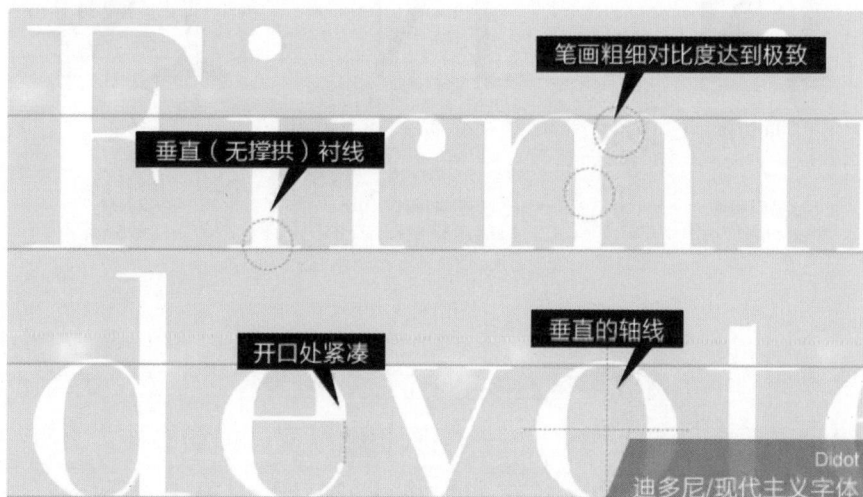

图 3-12

粗衬线（Slab Serif）：英文中的"Slab"意为石板，这里指的是四方形粗重衬线。

图 3-13

图 3-14

　　在传统印刷中，衬线字体通常用于正文，因为衬线字体被认为比无衬线字体更易读，并且显得更加正式——笔画粗细渐变，抑扬顿挫，具有亲和力。相比之下，无衬线字体常用于短文和标题，往往较粗且直上直下，更能吸引读者的注意力或加深读者的印象。

　　通常，长篇文章更倾向于使用衬线字体。虽然欧洲无衬线字体的使用较为普遍，但在正式场合，衬线字体依然是首选。在印刷领域，衬线字体被广泛应用，以提升阅读体验。然而，在计算机领域，由于无衬线字体在屏幕上更为清晰，因此更为流行。虽然衬线字体显得更加正式、优雅，但其笔画末端的衬线（如小三角形）可能引起长时间进行屏幕阅读的读者的视觉疲劳，因此无衬线字体在网页设计中更为常见。

Windows Vista 将默认的中文字体从衬线字体（如宋体、细明体）改为无衬线字体（如微软雅黑体、微软正黑体）。为了改善衬线字体的屏幕显示效果，反锯齿和次像素渲染等新技术得到了广泛应用。然而，当前主流显示器的分辨率通常为每英寸 100～300 像素，这在一定程度上限制了衬线字体在屏幕上的可读性。

此外，许多国家的高速公路路标通常避免使用衬线字体，因为其复杂的转折处衬线设计可能因要素过多而导致长途驾驶者视觉疲劳。

图 3-15

3.2.6　花笔

花笔是指字母起笔或收笔处特别延长的装饰性笔画。这种装饰性笔画常出现在使用平头笔书写时。尤其在单词之间或行尾空白较多的情况下，抄写员会在最后一个字母的收笔处加上花笔，以调整行长。这一传统被活字印刷继承下来。

这里以大写字母 A 和小写字母 g 的花笔字体设计为例。通常，向左延伸的花笔用于单词的首字母，而向右延伸的花笔则用于单词的末字母。此外，小写字母的升部和降部也可能带有花笔，绝大多数的大写字母也经常采用这种装饰性笔画设计。

图 3-16

在活字印刷时代，字体排印师不仅负责设计字体，还精通排版规则，并具备印刷和装帧方面的全面知识，能够指导印刷品的制作。在现代欧美国家，这一职称的含义基本相同。比如比较知名的文字排印师埃米尔·鲁德，他是瑞士国际主义设计风格的践行者，来自巴塞尔设计学院。他有着明确的目标，就是努力把文字排印作为当下的时代表达。如今，专注字体设计的人员通常被称为字体设计师，而不是字体排印师。字体设计师的工作内容相较于纯粹的排印多了字体设计的艺术化改造——融合艺术和科学的元素。

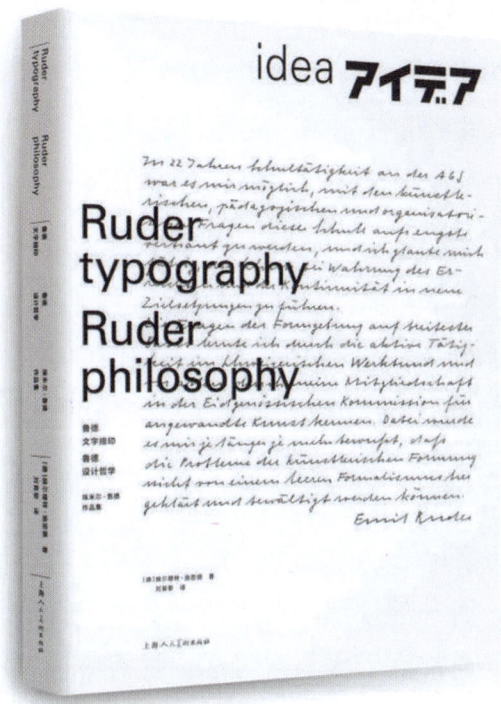

图 3-17

3.2.7 基线

基线是指大写字母 H 或小写字母 n 底部所接触的那条假想线。所有西文字体的数码字库都设有基线，不同的字体设计也会依据基线来对齐。像 O、V、W 等字母的底部会稍微超出基线，以在视觉上看起来与其他字母保持平衡。

图 3-18

基线准则：

- 大写字母通常位于基线上，也有例外，如 J 和 Q。

- 不齐线的数字（阿拉伯数字）也位于基线上。

- 其中有降部的数字包括 3、4、5、7、9。

- 带有降部的小写字母有 g、j、p、q、y。

对于具有圆形上下区段的字符，如 0、3、6、8、c、C、G、J、o、O 和 Q，它们通常会略微下沉于基线以下，这种现象被称为过伸，旨在在视觉上让字符看起来好像与基线持平。这些字符通常会比 x 字高或比大写字母略高，以营造出与平直字形（如 H、x、X、1、5、7）相同高度的视觉平衡效果。根据彼得·卡洛万德在 *Digital Typefaces* 中的建议，标准的下沉量约为 1.5%。

3.2.8　升部

升部是指像小写字母 b、d、f、h、k、l 等从 x 字高向上延伸的部分，其高度被称为升部高，而升部顶部的对齐线被称为升部线。在多数罗马正体字体中，升部线的高度通常高于大写字母线。这意味着具有升部的小写字母在视觉上往往比大写字母还要高。理论上，将升部线与大写字母线对齐似乎更理想。然而，在一些无衬线字体中，大写字母线和升部线完全重合，这可能导致像大写字母 I 和小写字母 l 难以区分，从而增加阅读难度。为了避免这种问题，有些无衬线字体会将升部高度设置得比大写字母的高度高，从而提高字体的可读性。

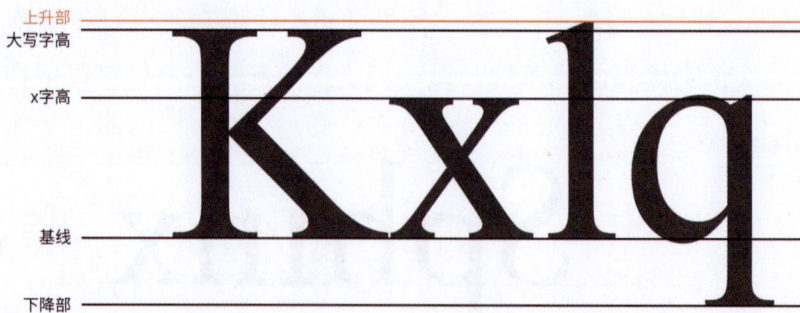

西文字体基本概念中的升部——以Times New Roman为例

图 3-19

3.2.9　降部

降部是指像小写字母 g、j、p、q、y 等从基线向下延伸的部分。在照排时代，西文字母的降部通常被设计得非常短。这是因为这些字体设计受到了照排机字框限制的影响，所以主要用于数学符号如"坐标 y"，不适合用于西文排版。在进行西文排版时，设计师应该选择真正按西文比例设计的字体。

此外，我们有时会看到强行将小写字母的降部与基线对齐的做法。然而，就像日文中并非所有文字都需要严格对齐一样，适度的起伏更有助于阅读。要想避免字母高低不平的效果，设计师可以选择使用大写字母进行排版。

西文字体基本概念中的降部——以Times New Roman为例

图 3-20

3.3　**字体分类** ✏

3.3.1　中文字体

汉字七体指的是汉字在几千年的发展历程中逐渐演变形成的七种不同的书写方式，分别为甲骨文、金文、大篆、小篆、隶书、楷书、行/草书。汉字的演变过程大致如下：甲骨文→金文→大篆→小篆→隶书→楷书→行/草书。

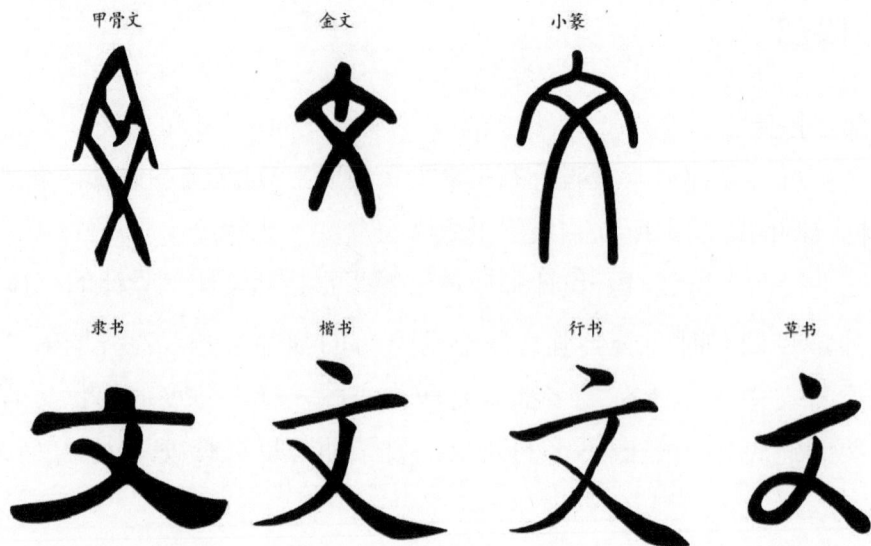

甲骨文	金文	小篆

隶书	楷书	行书	草书

图 3-21

3.3.2 英文字体

Times New Roman：一种经典的衬线字体，常见于正式文档和出版物，具有优雅的设计和较高的可读性。

Arial：无衬线字体，设计简洁、现代，常用于网页和电子文档，呈现出简洁、清晰的视觉效果。

Calibri：微软 Office 软件的默认字体，无衬线字体，线条柔和，适用于日常阅读，易于在各种屏幕上呈现。

Helvetica：一种被广泛使用的无衬线字体，其以简洁、清晰的设计深受欢迎，特别适合品牌标识和广告设计。

Times New Roman	China invented movable type printing technology as early as ancient times, but due to the wide variety of Chinese characters and the high importance of calligraphy, in the early centuries of printing, China did not develop a complete font system with distinct characteristics.
Arial	China invented movable type printing technology as early as ancient times, but due to the wide variety of Chinese characters and the high importance of calligraphy, in the early centuries of printing, China did not develop a complete font system with distinct characteristics.

图 3-22

Calibri　China invented movable type printing technology as early as ancient times, but due to the wide variety of Chinese characters and the high importance of calligraphy, in the early centuries of printing, China did not develop a complete font system with distinct characteristics.

Helvetica　China invented movable type printing technology as early as ancient times, but due to the wide variety of Chinese characters and the high importance of calligraphy, in the early centuries of printing, China did not develop a complete font system with distinct characteristics.

图 3-22（续）

3.4　字体设计

中国早在古代就发明了活字印刷术，但由于汉字种类繁多及人们对书法的高度重视，在印刷术使用早期，中国并没有发展出具有明显特色的完整字体体系。

在 15 世纪中期，铸造盒的发明使印刷技术实现突破。针对拉丁字母宽度不一，如有宽大的"M"和纤细的"1"，古腾堡发明了一种可调式模具，以适应不同宽度的字母。这一技术使字体铸造更加精准，并沿用了至少 400 年。字体制作流程包括用冲头切割字母，将其打入黄铜矩阵中形成阴模，用合金材料在模具中铸造字母。

图 3-23

从 19 世纪 90 年代起，美国字体铸造公司先用 Benton 雕刻机放大字母至超过一英尺（30 厘米）高，再手动缩小至小于四分之一英寸（6 毫米）高。这项技术最初用于切割冲头，后来用于直接制作矩阵。

到 20 世纪 60 年代至 20 世纪 80 年代，排版从金属排版转向照相排版，字体设计也从物理矩阵转为在牛皮纸或胶片上手绘字母，并使用"红宝石"（一种带红色透明薄膜的材料，用于制作字母图形）进行精确切割，随后通过复制相机拍摄。

到 20 世纪 90 年代中期，商业字体设计全面转向数字矢量工具。设计师可以手绘、扫描或直接在程序中创建字体。数字字体可轻松修改，但修改后的字体被视为衍生作品，受原字体版权保护。

图 3-24

3.4.1　文字形状在图文编排设计中的意义

随着科技的迅猛发展，艺术设计也因高科技的推动而呈现出无限广阔的前景。文字作为重要的传播与表达元素，逐渐被广泛应用于各类设计作品中，起到了展现主题和增强宣传效果的重要作用。

在日常生活中，文字作为记录和表达思想的载体，渗透于各个领域。随着人们审美意识的增强，文字的功能已不再局限于传递信息，而是更多地融入了创意设计。对文字形式进行美感设计，不仅能有效吸引注意力，还能传递出更深层次的艺术价值。

文字在所有视觉媒体中都是重要的表现元素之一，其排列和组合方式直接影响版面的视觉效果。因此要选择既能满足设计需求，又符合主题风格定位的字体。

下面介绍字体对版面风格的影响。

字体是文字的风格或图形化表现方式。根据图文编排设计的需求选择合适的字体，关键在于字体要与文字内容相协调。同一版面中使用不同的字体会呈现出完全不同的视觉风格。

图 3-25

图 3-26

3.4.2　字体选择

字体设计是现代设计的重要组成部分，随着其不断发展，不仅创造了新的文化观念与生活方式，也成为人类文明进步的象征。在现代设计理念的引导下，字体设计通过其美学特质，直观展现了不同时代的特色。作为文字造型与视觉表达的融合，字体设计在现代设计中占据关键地位。它如同一位技艺高超的艺术家，能将普通的作品变得生动有趣，赋予作品独特的视觉效果和艺术感。

字体设计是人类生产实践的产物，随着文明的进步而逐渐成熟。通过字体的创意运用，文字在视觉上呈现出丰富的美感，极大地提升了字体的功能性与表现力。随着现代字体设计理论的确立，字体已成为视觉传达设计中最基本、最重要的组成部分，被广泛应用于广告、书籍装帧、企业标识等领域，从而强化了信息传播的效果。

在面对成千上万种字体及不断涌现的新字体时，知道如何选择合适的字体至关重要。在选择字体前，应明确传达的内容、受众、风格、个性和态度，这有助于策略性地选择字体，确保信息的有效传递。

（1）不同设计风格决定字体的选择。例如，严肃庄重的设计风格适合规整的字体，个性化的设计风格需要更随意或独特的字体，卡通的设计风格常用圆润可爱的字体，欧式风情的设计风格则偏向带有曲线的字体。

（2）字体的选择需结合受众、设计理念、信息传递需求和语境。明确字体是用于正文、标题，还是兼顾两者，并考虑是用于印刷还是用于屏幕显示。许多字体适合用于强调，但未必适合用于长篇正文，因此识别和评估字体就显得尤为重要。

（3）选择系列化字体能确保设计的灵活性与一致性。系列化字体拥有相同的基本结构，只是在粗细、宽度等方面有所变化，能满足多种需求，如从超细到超粗、衬线和无衬线的组合，也能确保字体与背景的对比明显，以提高可读性和视觉效果。

3.4.3　字号选择

字号应根据实际应用场景、作品的表现效果及文字的具体功能来进行选择。字体的最终呈现效果通常是经过专业设计和加工的，通过凸显字体的结构特征，并合理调整字号大小，能使其具备美观、易读、醒目的特性，而通过对文字笔画和结构的适当变形能够进一步提升其美感。

此外，选择字号时需要注意保持整体画面的和谐感。对字体的形态进行统一规划，并在大小变化中保持一定的规律性，使不同字体在组合使用时既具有层次感又具有视觉上的统一性。这样的设计有助于提升字体的可识别性，并能有效吸引受众的注意力。

下面这张海报的版面设计独具特色，主题文字的排版和穿插处理非常有趣。暖色系纹理的背景营造出一种年代感，相同字体但不同字号与排版使文字呈现层层递进的视觉效果。不同字号的文字经过排版形成错落有致的层次感，增强了海报整体的视觉冲击力。

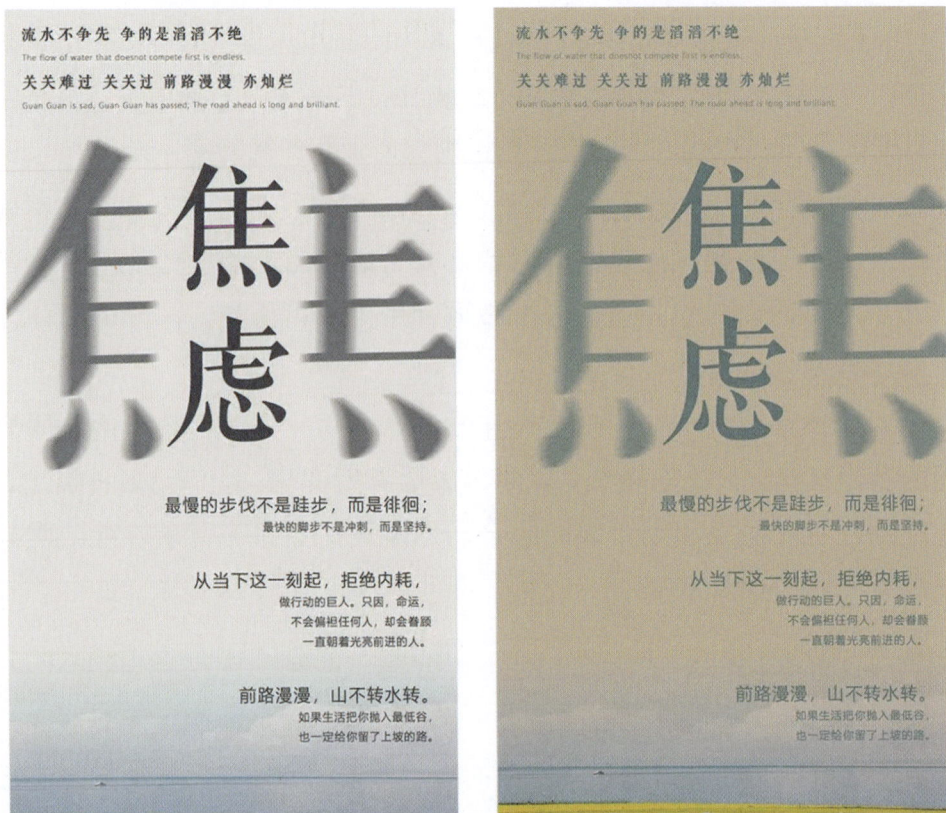

图 3-27

字号大小直接影响阅读体验和版面美观。过小的文字会让观者难以辨认，过大的文字则会受到版面空间的限制。因此，在设计过程中，选择合适的字号尤为重要。在计算机中，字号大小通常使用点数制（Point）表示。1pt 等于 0.35mm，误差不得超过 0.005mm。在一般情况下，标题的字号通常为 14pt 以上，而正文的字号则为 9～12pt（如果文字较多，字号可以缩至 7～8pt）。

通过了解文字磅值，设计师可以更有效地选择合适的字号，从而确保设计作品的视觉效果和文本的可读性。

3.4.4　字的编排

中文字体属于方块字，具有明显的轮廓特征。每个文字占据相同的空间，布局相对严格。例如，段落开头必须空两格，竖排文字通常从右向左排列等。这种规则使中文的排列非常规整，但也因此灵活性相对较小，编排难度较大，需要设计师在有限的空间中找到平衡。

图 3-28

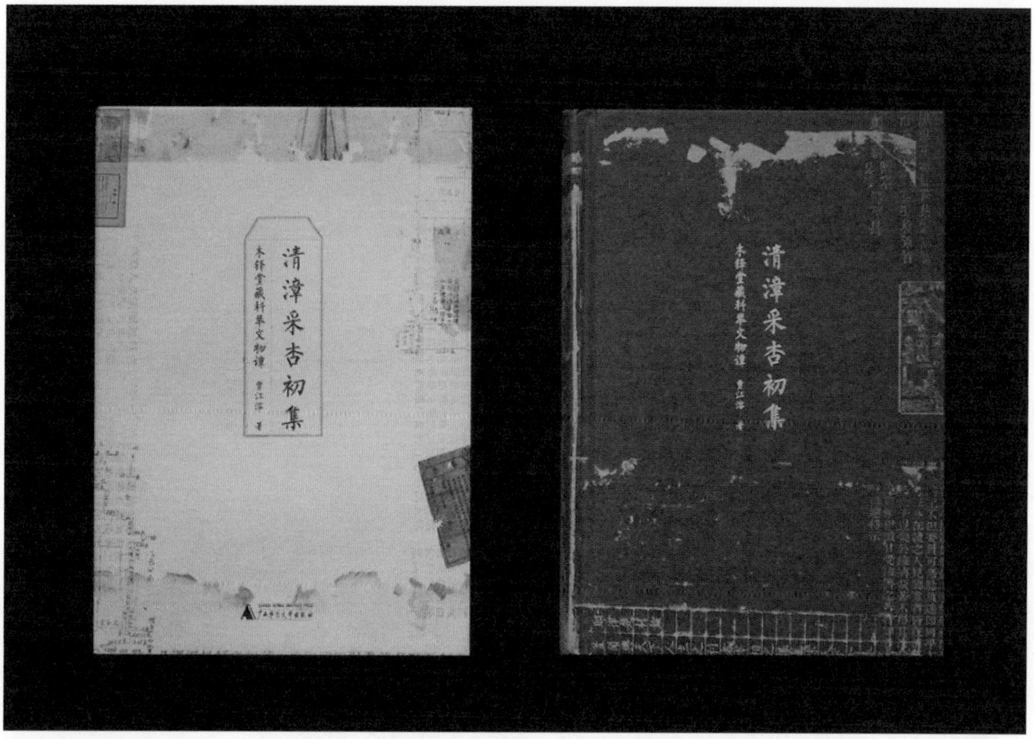

图 3-29

图 3-30

英文字体以流线型的方式存在，灵活性很强。设计师基于英文字体的这个特点，根据需要灵活变化字体的形态，设计出丰富、生动的版面。

图 3-31

图 3-32

图 3-33

3.4.5 对齐

正文文本的排版方式通常被称为文本对齐，主要有以下几种选项。

左对齐：文字在段落或文章中沿水平方向向左对齐，左侧边缘整齐，右侧则呈现不规则的边缘。

右对齐：文字在段落或文章中向右对齐，右侧边缘整齐，而左侧则呈现不规则的边缘。

居中对齐：文字沿着水平线的中央虚拟轴线对齐，使其居于版面的中间位置。

两端对齐：文字的左右两侧同时对齐，使文本在两端都呈现整齐的边缘。

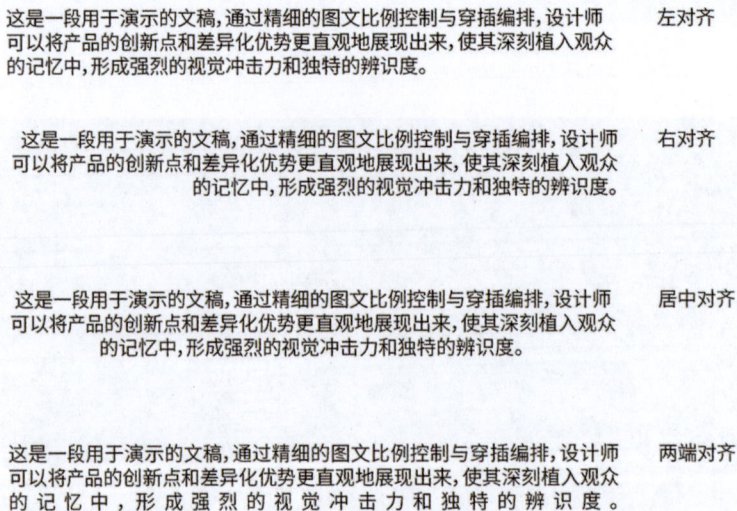

这是一段用于演示的文稿，通过精细的图文比例控制与穿插编排，设计师可以将产品的创新点和差异化优势更直观地展现出来，使其深刻植入观众的记忆中，形成强烈的视觉冲击力和独特的辨识度。　左对齐

这是一段用于演示的文稿，通过精细的图文比例控制与穿插编排，设计师可以将产品的创新点和差异化优势更直观地展现出来，使其深刻植入观众的记忆中，形成强烈的视觉冲击力和独特的辨识度。　右对齐

这是一段用于演示的文稿，通过精细的图文比例控制与穿插编排，设计师可以将产品的创新点和差异化优势更直观地展现出来，使其深刻植入观众的记忆中，形成强烈的视觉冲击力和独特的辨识度。　居中对齐

这是一段用于演示的文稿，通过精细的图文比例控制与穿插编排，设计师可以将产品的创新点和差异化优势更直观地展现出来，使其深刻植入观众的记忆中，形成强烈的视觉冲击力和独特的辨识度。　两端对齐

图 3-34

3.5 间距

在进行文字排版设置时，无论是简短的大标题还是内容丰富的文档，字母、单词、行或段落之间的间距都常常被忽视。间距与字体选择、字号同样重要。尽管所有人都能看到文字与设计，但是只有真正的艺术家才能敏锐地注意到负空间，并在排版中合理处理正负空间的关系。无论间距是大还是小，都应

保持一致性和视觉上的愉悦感，这是设计师需要特别关注的细节。

间距应帮助读者更好地理解文本或至少改善阅读体验（除非刻意通过设计营造不和谐感）。如果阅读不顺畅，那么读者的兴趣将迅速降低。

间距是排版设计中的核心要素。无论是字母之间、单词之间、行之间还是段落之间，合理的间距能贡献约 70% 的设计效果。

下面简单介绍一下其中几个概念。

字母间距（Letter Spacing）：字母之间的间隔。调整字母间距的过程被称为字距调整。

词间距（Word Spacing）：指单词之间的间隔。

行间距（Line Spacing/Leading）：指两行文字之间的垂直间隔，通常以两行的基线之间的距离计算。在早期金属活字印刷中用不同厚度的铅条来分隔行间距，因此许多人仍使用"Leading"一词来描述行间距。

在计算机生成字符时，软件通常会自动为字符设置默认间距，但在设计特印字体时，不应仅依赖自动设置的间距。手动调整字母之间的间隔可以显著提升文本的可读性，使设计更加精确。

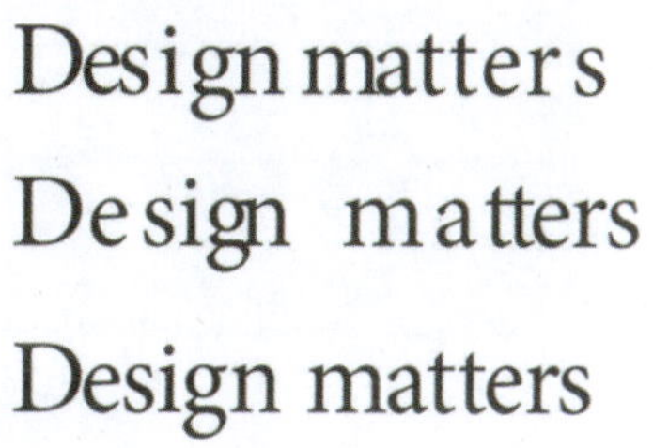

虽然每种字体都配有软件预设的间距，但设计师应将其视为形状，通过平衡视觉关系对字母间距、字间距和行间距进行调整。在传统

Design matter s

De sign matters

Design matters

图 3-35

金属活字印刷中，工作人员通常通过在金属字块之间插入空铅（比字块矮的金属条）来生成间距。

历史上，em 被广泛用作间距的测量单位。em 是基于大写字母 M 的宽度的，被用来表示文字的尺寸。em 的一半被称为 en。在数字排版中，设计师可以使用单元系统来精确控制间距。单元是 em 的细分单位，通过将 em 划分为均等的垂直小部分来进行字符的测量和调整。在计算机排版中，每个字符都有自带的单元值，包括字母两侧的间距。设计师可以根据需要对这些间距进行手动调整。

不过，间距的调整不能仅依赖工具，最重要的是通过目测来判断间距的合理性。正是这些细微的调整彰显了设计的卓越，真正的排版大师往往会在负空间的处理上展现出极高的精确度和敏感性。

3.5.1 正文文本：分块、间距节奏和边距

1. 分块

在阅读小说时，单一的段落结构通常可引导读者，而在报纸、报告或教科书中，将内容划分为若干模块能有效增强可读性。在屏幕媒介中，分块设计尤为重要。模块化文本可以让观者轻松吸收信息。模块的排列会影响阅读节奏。模块之间的过渡受背景颜色、字体大小和字体颜色的影响，设计师可以利用这些元素引导观者的视线在文本的关键处稍做停留，从而增强观者的阅读体验。

图 3-36

2. 间距节奏

间距节奏是通过调整字体排列的间距和排列形式，营造出具有视觉韵律感的排版效果。不同大小的字体与图片的对比互动，能够为版面增添动态的节奏感，使整个设计更加和谐流畅。此外，对字体长度的灵活运用也可以进一步增强视觉节奏的表现力。

3. 边距

　　边距是文本和纸张或屏幕边缘之间的距离，起到了框架和边界的作用，确保观者能够在阅读时保持注意力集中。合理运用边距不仅能改善版面效果，还能提升整体设计的美感。虽然可以对边距进行创造性调整，但必须遵循基本的设计原则，以保持版面的和谐性和可读性。

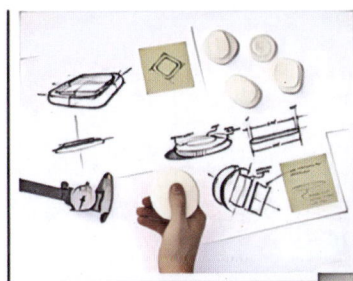

图 3-37

3.5.2　段落的基本格式

1．首行缩进

段落的首行通常需要缩进，标准缩进量一般为 2 个汉字（2 个全角字符）的宽度，实际应用中也可根据版式需求将缩进量设置为 1.5～2.5 个全角字符的宽度。段落的首行也可以不缩进，但要在段落之前留出空行以区分不同的段落。

2．行距

行距指的是行与行之间的垂直间距。常见的行距为 1.5 倍或 2 倍，具体视文档类型而定。比如，学术论文通常要求 1.5 倍或 2 倍行距，而一般的文章或报告则可能使用单倍行距。

3．段间距

段间距指的是段落之间的垂直间距。设计师可以通过增加段前或段后的空白行来让段落区分更加明显。段间距通常略大于行距，一般设为 6～12pt。

4．对齐方式

段落的文本通常采用左对齐或两端对齐的方式。左对齐是最常见的排版格式，易于阅读；两端对齐让段落左右两端对齐，使页面更整齐，但可能导致字间距不均匀。

5．段落长度

每个段落都应围绕一个核心主题展开，应长度适中，通常建议保持在 5 到 7 句话之间，一方面要避免因段落过长而增加阅读负担，另一方面要避免因段落过短而显得过于松散。

3.5.3　内页构图：文字与图片的比例

页面结构的设计方案应依据传播目标、格式、内容，以及文本和图片的体量来确定。

1．以文字为主

当设计方案以文字为主时，所选字体应具备高度的可读性。最好为同一系列字体，以确保视觉的一致性并提供多样化选择。这类字体适用于历史教科书、报纸或政府网站等需要运行文本的场合。

由下图可见，产品前期分析展示多以文字为主，以信息传递为主要目的，因此标题多选用粗无衬线字体，同时以颜色区分点缀。文字与图片并排放置，相互呼应，不同部分字体的大小、色彩有所区分，有助于读者轻松找到重点信息。

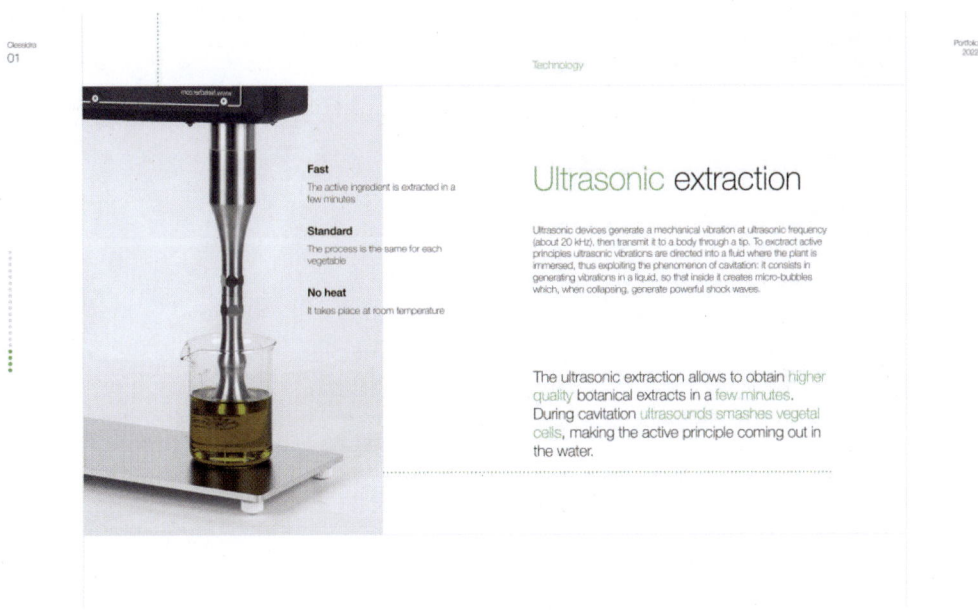

图 3-38

2. 以图片为主

当图片主导设计时（如封面、海报、广告或社交媒体横幅），字体应以特印字体为主（通常用于标题或新闻摘要）。字体选择应受设计埋念和投放坏境的影响。虽然对于无衬线字体与衬线字体的选择存在分歧，但无论选择哪种，都需确保易读性，因为读者往往会快速浏览标题或新闻摘要。要知道，适当的行距和较大的字号有助于提升可读性，清晰的视觉层次能引导阅读顺序。

以下图为例，图片较多，文字较少，右边的文字直观清晰地传递信息，而左边的图片聚焦于产品细节。这样的布局极大地提高了可读性，引导了视线流动，并建立了视觉层次。

图 3-39

3. 文图并重

当文本与图片占比相近时，字体的选择应根据设计理念、受众和媒介来确定。文本和图片需在视觉上和谐统一，并且根据文本的用途（如正文、注解或特印）与图片保持平衡。

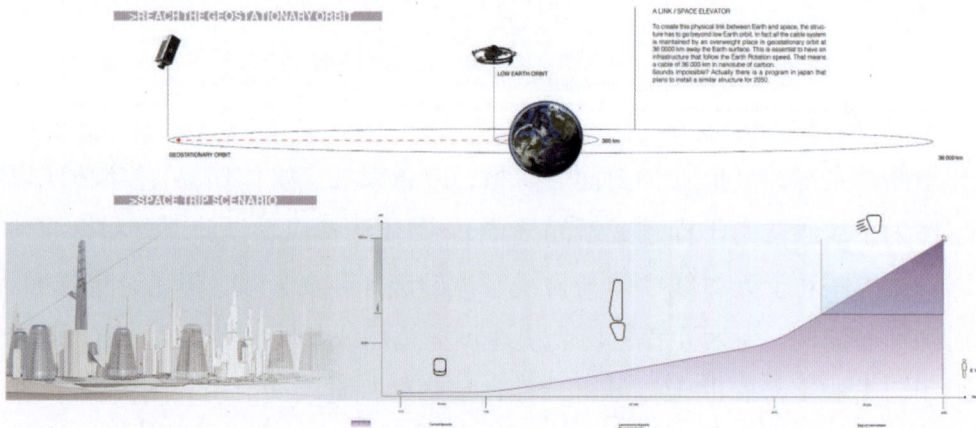

图 3-40

4. 以注解为主

当以注解为主要内容时（如目录册、地图、画册等），应选择在小尺寸下依然清晰可读的字体，同时确保文字与图片在视觉上协调一致。如下图所示，注解文字与模型视图线稿保持了类似的粗细，同时按比例缩放，在视觉上保持了一致性。

图 3-41

3.5.4　如何提升正文的可读性

正文作为向读者传达的主要内容，每行的文字量过多会降低可读性，字号过小或栏宽过大会影响阅读体验。左对齐或两端对齐的文本通常更易于阅读。在对正文、标题和副标题进行排版时，应将文本分为几个易于处理的部分。较大的 x 字高（字母的高度）有助于提升可读性，注意避免过度参差不齐的行或独词行。左对齐的文本右侧或右对齐的文本左侧不应显得过于杂乱，以免影响阅读流畅性。

行的长度变化过大，会在视觉上形成阶梯状，使读者无法顺畅地从一行移至下一行。段落末尾的行不应过短，保持足够的长度如同稳定的平台，支撑上方的文字构图。避免让前一页的最后一行或独词出现在下一页上，这样的排版会打破页面的平衡感。

多样性能够提升正文的可读性。设计师可以通过以下方式提升排版的多样性：使用醒目的引文，在图片中插入首字大写或首字下沉的格式，改变字体颜色，分段撰写，或者用小型大写或全部大写的方式开头，还可以加入花体字等。只要是符合设计概念并能吸引读者注意力的元素，都会为版面增添趣味和活力。

图 3-42

3.5.5　信息流的统筹

在排版设计中，设计师可以通过以下多种方法来突出构图中的重点。

- 通过位置进行强调：将重点内容放置在显眼的位置，比如页面的中心或上方。
- 通过比例进行强调：调整标题、副标题、正文与图片的比例，使重点元素占据更大的空间。

- 通过对比进行强调：通过颜色、大小、形状等的对比，使重点内容脱颖而出。

- 通过指向进行强调：使用箭头、线条或视觉引导元素，直接指向要突出的内容。

而针对正文内部各部分的重点，设计师则可以使用以下方法。

- 使用颜色或粗体字：使用颜色或粗体字可以使重点内容更为醒目。

- 使用斜体或加粗斜体：适度运用斜体和加粗斜体可以增加层次感。

- 字体样式变化：通过字重（如细体字、中等粗细、粗体）、字宽（如长体字、常规字、扁体字）、字体角度（如罗马体或斜体）及基本形式（如轮廓、阴影、装饰）的变化来突出不同的部分。

设计中的基本组织原则同样适用于字体排版。在排列各元素时，设计师不仅要考虑视觉层次，还要关注节奏与统一性。通过建立视觉层次和节奏，设计师可以控制元素间的距离并引导视觉流动，从而自然地引导读者的视线，提升阅读体验。

3.6 案例解析

在讲述完理论知识后，这里为大家展示一个案例。

作品的文字排布设计巧妙，平衡了视觉层次与可读性，体现了精致的排版技巧。标题采用了较大的字号并被置于海报的上方，吸引了观者的注意力。粗体字和醒目的颜色使其与背景形成强烈的对比，凸显了主题的核心信息。

副标题和正文则以较小的字号排布，确保信息层次分明。副标题与正文之间的比例协调，字体简洁易读，并且通过适当的行距和段间距保持了阅读的舒适感。文字整体采用左对齐，保持了视觉上的一致性，避免了过多的参差不齐，提升了整体的专业感。

此外，还运用了适度的留白，尤其是在文字周围。这不仅增强了视觉上的呼吸感，而且有效地突出了文字信息的重点。不同的文本块之间通过位置、大小和颜色的变化实现了节奏感，使观者的目光自然地从标题滑向正文，形成了良好的视觉流动。整体布局美观大方，且极具功能性，使信息传递更加高效。

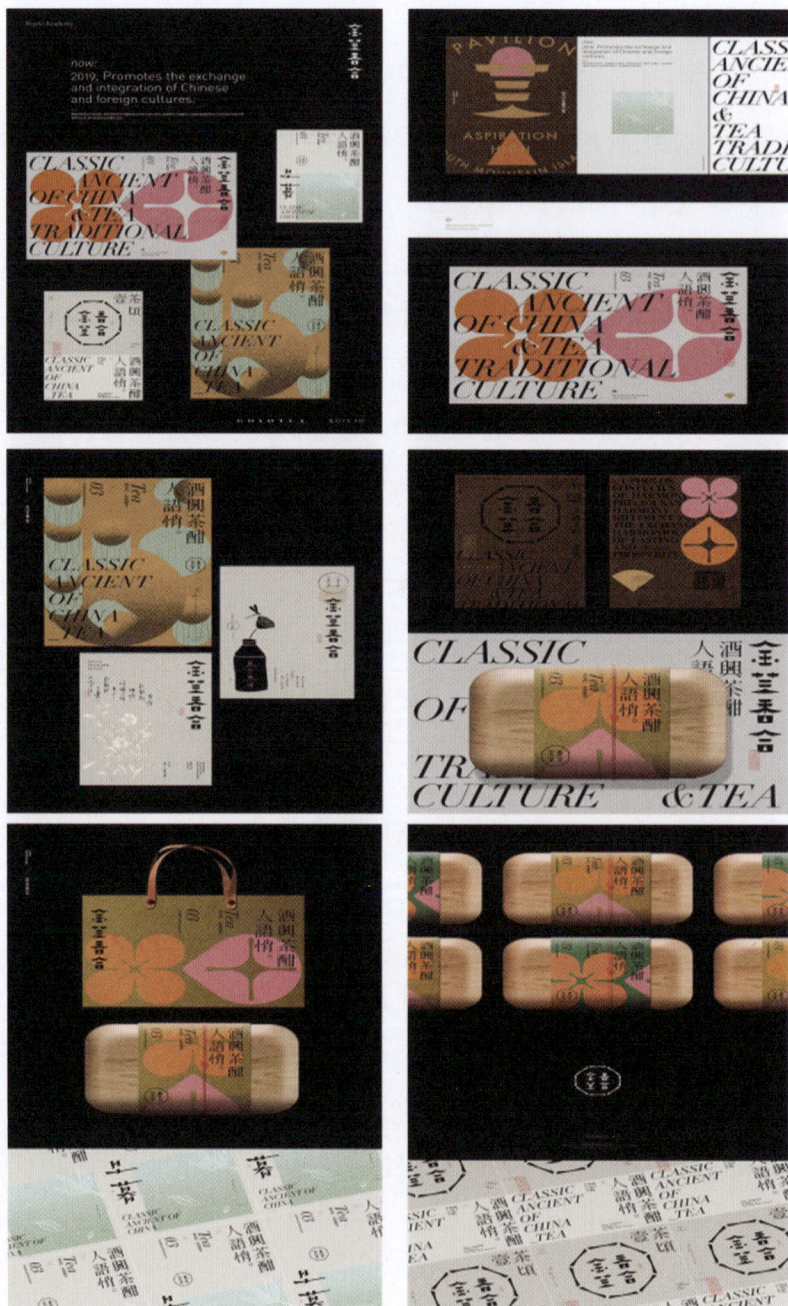

图 3-43

第四章
图片的处理

4.1 图片的版式排布

4.1.1 图片排版的视觉重心及原则

图片的对齐方式对版面设计的整体效果起着关键作用，它不仅影响视觉的平衡感，还决定了其他元素的布局和排列方式。不同位置的图片对齐会呈现出不同的风格。例如，居中的图片往往给人以对称和稳定的感觉，而偏向一侧的图片则可能带来更具动感和活力的视觉体验。

在图片排版中，视觉重心是一个核心概念，指的是观者浏览图片时视线自然聚焦的区域。设计师可以通过调整图片及其周围元素的位置、大小、颜色和对比度等手段，引导观者的目光，确保其停留在关键区域，从而达到视觉上的平衡，或者突出某个焦点，强化设计效果。

以下是几种常见的图片排版原则，有助于增强观者对版面中视觉信息的获取。

1．三分法

这是经典的构图法则。设计师可以将图片划分为九等份，将重要元素放置在分割线的交叉点处（三分法），从而自然引导观者的视线到这些视觉焦点上。这种方法为图片创造了和谐的构图，使整个设计更加平衡、优雅。

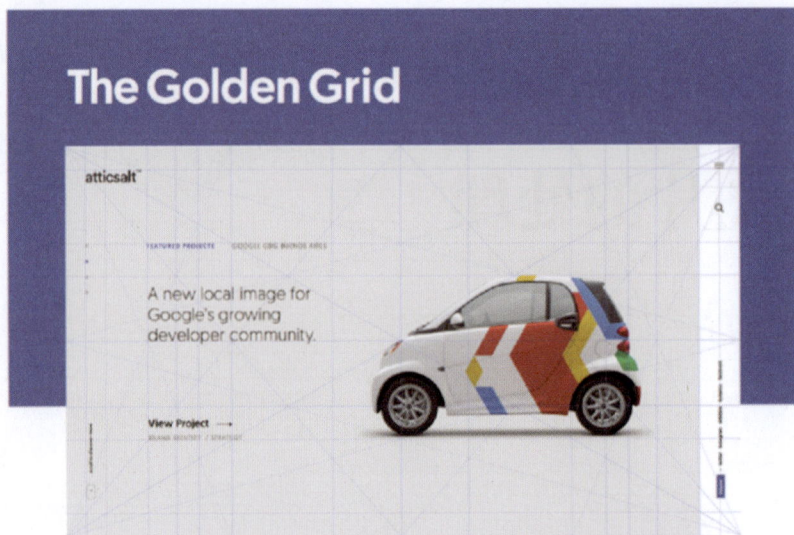

图 4-1

2．对比度

在颜色、亮度、形状或质感等方面制造强烈的对比可以有效地吸引观者的注意力。强烈的对比能够立即引导观者的目光聚焦在最具差异性的部分。具体来讲，使用鲜艳的颜色搭配柔和的背景，或将明亮的元素置于较暗的环境中，这样会使其自然成为视觉的焦点。形状上的对比，如圆形与方形、曲线与直线的碰撞，也能给观者带来视觉冲击。除此之外，对比还可以体现在纹理、尺寸、字体风格等其他元素上。通过对比手法，设计师能够在视觉构图中突出关键信息，营造出层次感和深度，进而强化视觉上的戏剧性效果，提升设计作品的吸引力与可读性。

这种对比手法常见于广告、海报和网页设计中，尤其适用于需要快速传递信息或吸引目光的场合。设计师可以通过有意识地运用对比技巧，使内容更加引人注目，帮助观者快速抓住重点信息。

图 4-2

3. 大小和比例

在设计中，较大的元素通常会优先吸引观者的目光，因此往往成为视觉重心，而较小的元素则更多地起到辅助作用，支持主要信息的传递。通过对不同元素的人小和比例进行巧妙安排，设计师可以创建明确的视觉层次，引导观者的视线按照预设的路径移动。

例如，在一张海报中，主标题通常比副标题和正文要大得多，以确保其优先吸引注意力。图片和文字的比例也需要经过精心设计：若图片过人，则文字可能显得次要；若图片过小，则可能削弱视觉冲击力。此外，大小和比例的对比还能强化设计中的节奏感和动态感，让页面更具生动性和活力。

图 4-3

4. 留白

适当的留白是设计中的关键元素，它不仅能够让视觉中心更加突出，还能避免页面过于拥挤或混乱。留白，即设计中刻意保留的空白区域，并不等同于"空无"，而是通过留出一定的空白，使其他元素有更多的"呼吸"空间，从而提升页面整体的视觉舒适度和可读性。

通过留白，设计师可以有效地突出主要内容，使观者的注意力集中在重点信息上。例如，在海报或广告设计中，留白能够增强主标题、图片或关键信息的视觉冲击力。过多的元素堆叠会让观者感到疲惫，而留白则能够提供一种视觉上的平衡，让眼睛有一个自然的停顿点。这在现代的极简风格设计中尤为常见。留白使页面中的信息看起来更加精练和有序。它不仅仅是一种视觉策略，更是一种情感和审美的表达方式，可以通过简化设计来传递清晰、沉稳的信息。

下图是来自某位设计师的作品，左图的画面构图较为饱满，阅读较为吃力，而右图增加的留白边框将视觉中心很好地进行了收束，更加便于欣赏。

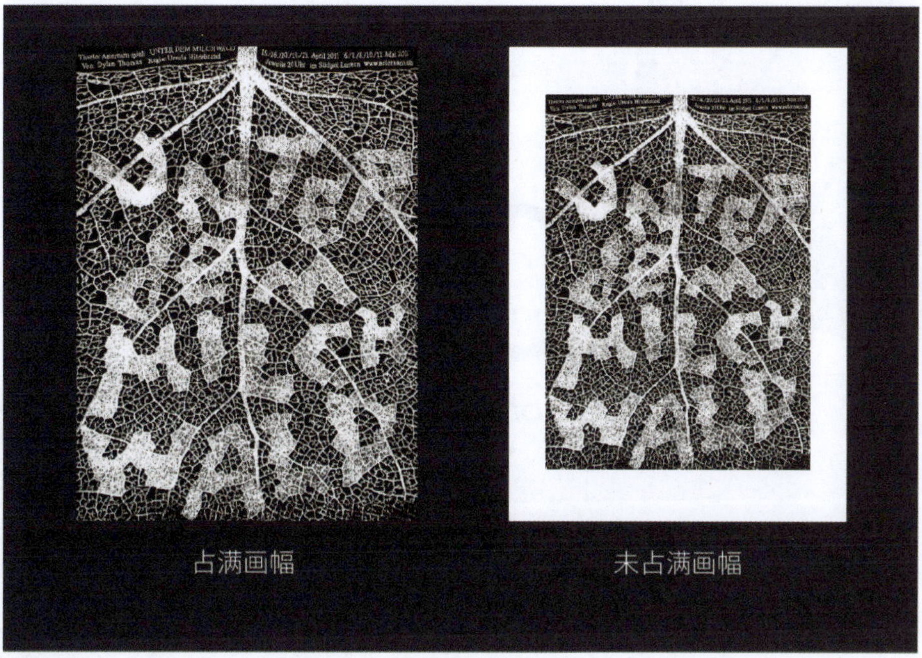

图 4-4

5. 对称和平衡

对称的排版能够营造出一种自然的平衡感与和谐感，通常会让设计作品看起来整齐且稳重。如果将元素均匀地分布在页面的两侧，那么视觉重心往往位于中心，给人一种安定、规范的感觉。这种方式常用于正式的设计作品，如企业海报、传统书籍排版等，因为对称布局传递出一种权威感和高雅的氛围。

不对称的布局可以提供更多的动感和活力。比如在一侧放置较大的元素或高对比度的颜色，这种不对称的布局能形成视觉重心，并吸引观者的注意力。这种设计手法常用于现代和创意类的设计作品中，通过打破常规的平衡感，制造出张力和视觉冲击力，进而给观者带来更加新颖、独特的感受。

在不对称的布局中，虽然没有明确的中心对称点，但设计师会通过综合运用大小、颜色、形状和留白等元素，创造出一种动态的平衡。比如，在一侧放置较大的图片或文字，在另一侧则通过较小的元素或更多的留白来平衡视觉重量，避免页面失衡。

图 4-5

6. 引导线

在设计中，图片中的线条或形状可以有效地引导观者的视线，帮助他们聚焦于特定的点或区域。引导线可以是实际存在的线条，比如边框、分隔线或图片中的自然线条，也可以是设计中虚构的元素，如形状的排列或颜色的渐变。

通过运用引导线，设计师能够创造出引导视线的视觉路径，从而影响观者的注意力和信息的接收方式。例如，一条从图片的角落延伸到中心的线条可以引导观者的目光从边缘移动到中心区域，使观者的注意力集中在主要信息上。类似地，背景中的图案或形状可以通过其排列和流动方向，帮助观者自然地跟随视觉路线。

引导线不仅仅限于实际的线条，还可以通过颜色、光影、形状的布局等方式来实现。设计师可以使用对比度、颜色渐变或形状渐变等来模拟引导线的效果，使观者的视线自然地流向关键元素或信息区域。这样的设计手法不仅能够增加作品的视觉层次和深度，而且能够提升其整体的视觉吸引力。

图 4-6

4.1.2　图片对称的编排方式

图片对称的编排方式指将尺寸和形态相同的图片放置在页面的左右两边或上下两边，中间对齐，形成视觉上的对称呼应效果。这样的编排方式虽然比较有个性，但局限性较大。

图片对称的编排方式在设计中非常常见，它能带来视觉上的平衡感与和谐感。以下是几种常见的图片对称的编排方式。

1. 轴对称（镜像对称）

这是最常见的对称形式，图片的两侧以某条轴为基准，呈现出相同或类似的内容。轴对称可以是水平对称、垂直对称，也可以是斜向对称/对角对称。

水平对称：将所有的图片分为上半部分与下半部分进行对称。

垂直对称：将所有的图片排布于左右两侧形成镜像效果。

斜向对称/对角对称：以对角线为轴进行对称。这种方式常用于表现稳重、庄重和均衡的感觉，比如建筑摄影或正式的排版设计。

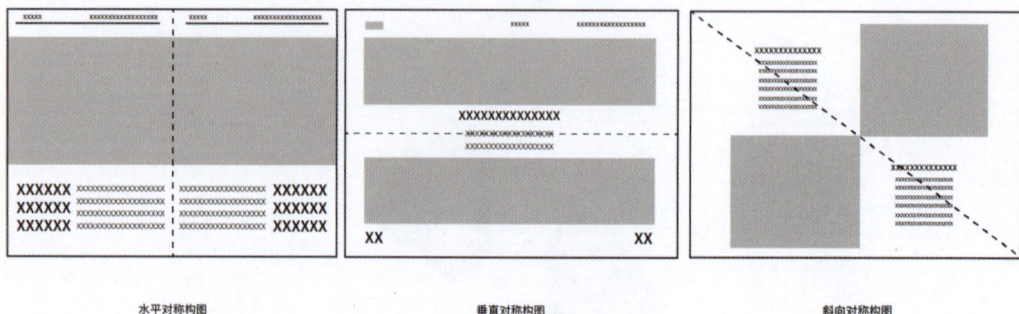

水平对称构图　　　　　　　垂直对称构图　　　　　　　斜向对称构图

图 4-7

2. 旋转对称

旋转对称是指图片围绕一个中心点旋转一定角度后，整体仍然保持一致的对称效果。常见的旋转对称角度有 $45°$、$90°$ 和 $180°$。

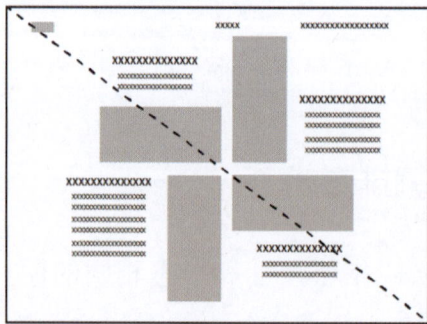

旋转对称构图

图 4-8

3．平移对称

在平移对称中，图片的某一部分重复排列，形成连续的对称效果；图片的每个部分之间保持一定的距离，但内容基本一致。平移对称常用于壁纸或包装设计。平移对称的概念来自数学领域，即将整个图片平移一个位置，其形状不会改变。

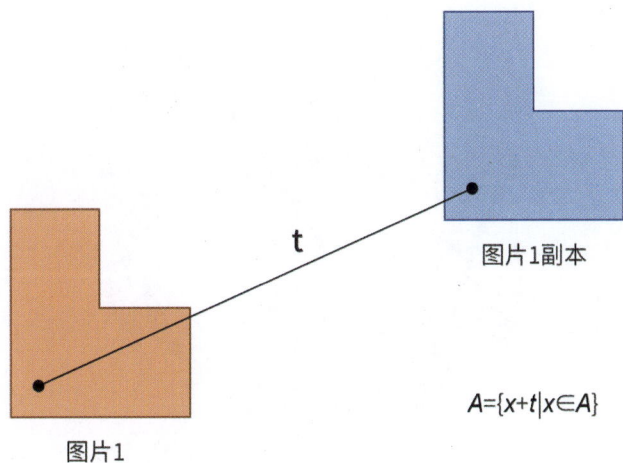

图片1

图片1副本

$$A=\{x+t\,|\,x\in A\}$$

空间平移对称性——布洛赫定律

图 4-9

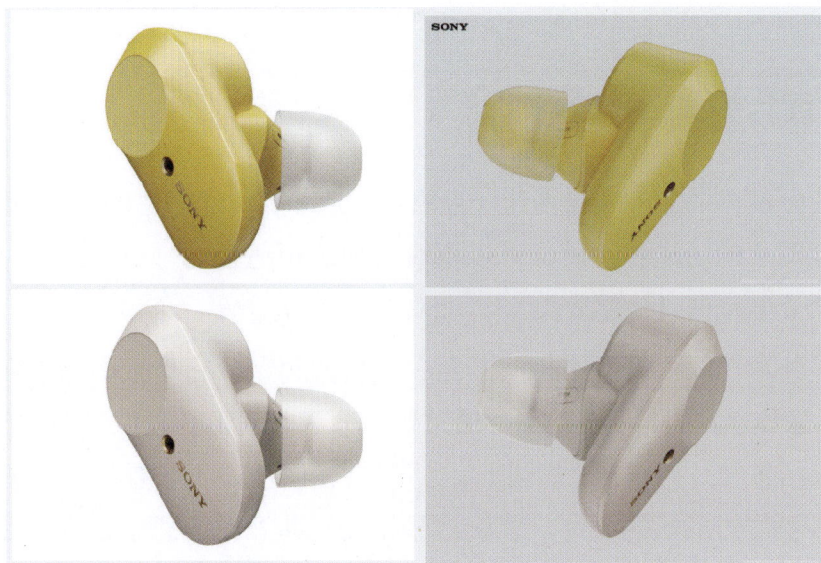

图 4-10

4. 混合对称

混合对称结合了两个或多个对称类型，比如轴对称和旋转对称。混合对称可以产生复杂的图片编排效果，适合于需要高精度设计的场景。

图 4-11

4.1.3 图片的基础形状

在版面设计中加入大量图片（或照片）是准确传递信息的一个重要手段。明确不同图片的功能和性质，可以更有效地选择适合的排版方式，以达到最佳的视觉效果和信息传递效果。

图片外形在版面编排中扮演着至关重要的角色，它直接影响版面的视觉效果、信息传递及整体美感。图片通常可以分为几何形和自然形两大类。几何形图片包括各种几何图形，如圆形、方形、三角形等，而自然形图片则指的是呈现具体物体的形状的图片。理解这些特征有助于设计师在编排图片时更加有效地运用它们。

方形图与圆形图是常见的几何形状，在版面设计中对视觉效果和信息传递有显著影响。以图片的外边界为基准，可以精准确定文字说明的位置，并据此调整其他文字和元素的布局，从而实现整体设计的协调与平衡。

方形图是最常用的几何形图片，其规则的边角和均衡的比例使其在版面设计中易于与其他元素对齐，常用于需要清晰、以结构化呈现的场景，如产品展示和信息图表等。方形图的平直边界和稳定的视觉感使其非常适合作为主视觉元素，可与其他设计元素实现精确对齐和排版。

相比之下，圆形图则可带来更柔和、流畅的视觉效果。由于圆形图去除了方形图的锐利边角，图片看起来更加圆润友好，适合用于展现亲和力或营造轻松氛围的设计，如社交媒体头像或用户个人头像。圆形图还可以引导观者的目光自然聚焦于图形的中心区域，强化视觉焦点。

透明背景图一般为 PNG 格式，这种类型的图片可以无缝融入各种背景色或背景图案中，无须担心与背景冲突。因此，设计师可以轻松地在不同的设计项目中使用同一张透明背景的图片，满足不同的设计需求。

长方形图　　　　　　　　圆形图　　　　　　　　透明背景图

图 4-12

4.1.4　图片的调整

在设计排版中，图片的编辑是使版面协调的关键。由于空间有限，未经处理的图片难以达到最佳效果，因此需要对图片进行适当调整。这种调整通常包括调整大小、裁剪内容和优化图片位置。在处理图片时，应保持长宽比不变，避免裁剪掉重要部分。图片处理的技巧是衡量排版专业水平的重要标准。

1. 裁剪成特定形状

这是指将图片裁剪成常见的几何形状，如圆形、椭圆形、三角形或多边形。这有助于图片更好地融入设计，使其与其他元素协调一致，从而增强视觉趣味性。

2. 应用圆角

这是指将方形图的角处理为圆角，使图片看起来更加柔和。这种方式特别适合用于 UI 设计和卡片设计，可增加图片的视觉亲和力。

3. 添加边框或轮廓投影

这是指在图片周围添加边框或轮廓投影。这不仅能强化图片的外形轮廓，还能使图片在复杂的背景中更加突出，从而起到加重视觉重心的作用。

4. 去底图

这是处理图片的一种常见方法，涉及对图片外轮廓进行精确抠图，删除背景部分，只保留需要的图像区域。这种处理方式灵活多变，能够充分展示物体的形状，赋予图片更动感的效果。在去除背景时，应注意要保留的图像区域与背景之间的边界，确保背景被剪裁干净。为了增强去底图的效果，建议使用与拍摄物体色差较大的单色背景。

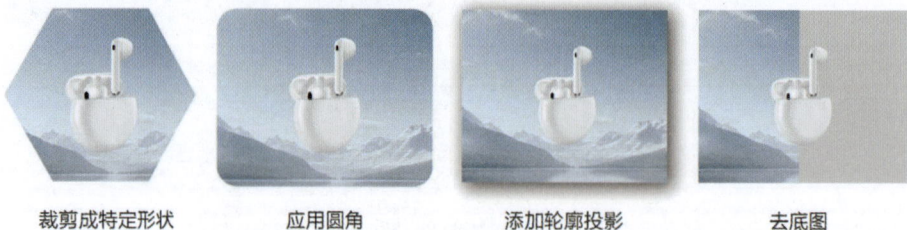

裁剪成特定形状　　　应用圆角　　　添加轮廓投影　　　去底图

图片形状的调整方式

图 4-13

在进行图片排版时，依据图片的外形可以确定文字说明的贴合位置，并据此调整其他文字和元素的布局。方形图片或矩形图片容易与其他元素精准对齐，优化空间利用率；圆形图片或其他异形图片则可能产生空白区域，但空白区域可以巧妙地用于放置文字或其他元素，避免版面显得不协调。

4.1.5　图片数量对版面效果的影响

　　图片的数量在版面设计中直接影响整体效果和观者的阅读兴趣。一般来说，适量的图片能够增强版面的生动性，吸引观者的注意力。纯文字的版面往往显得单调乏味，难以激发阅读兴趣。然而，过度使用图片也会削弱版面的信息传递效果。最佳的做法是根据设计需求合理安排图片数量，确保既能吸引观者，又能保持信息的清晰度和版面的协调性。若图片过少，大段文字容易使观者视觉疲劳，不利于阅读。若图片过多，文字内容过少，且文字过小，则会导致观者难以阅读。

图 4-14

4.1.6 图片的大小和位置关系

图片的大小和位置关系直接影响信息的传递顺序，这也是图片分类的重要标准。通过理解图片的功能和内容，我们可以确定其合适的大小和位置，以有效传递信息。

当想突出含有重要信息的图片时，设计师要考虑客户的需求。如果客户有明确的突出要求，那么这些内容将成为版面的重点。如果客户没有特别的要求，那么设计师可以根据图片的视觉效果来决定。一个有效的方法是放大那些包含关键内容的图片，因为较大的图片通常更有吸引力。同时，缩小次要图片，从而清晰地显示图片的主次关系。

图 4-15

4.1.7 图片大小的调整

图片大小的对比不仅可以展示信息的优先顺序，而且可以创造版面的节奏感。存在微小偏差的图片分布在页面上可能使版面显得杂乱无章，因此需要对图片大小进行一定程度的协调和统一，以确保版面结构的平衡。由于过多的尺寸变化会难以明确图片的主次关系，因此建议将图片分为大、中、小三个级别，这样可以使图片之间的主次关系更加协调，从而提升版面的整体效果。

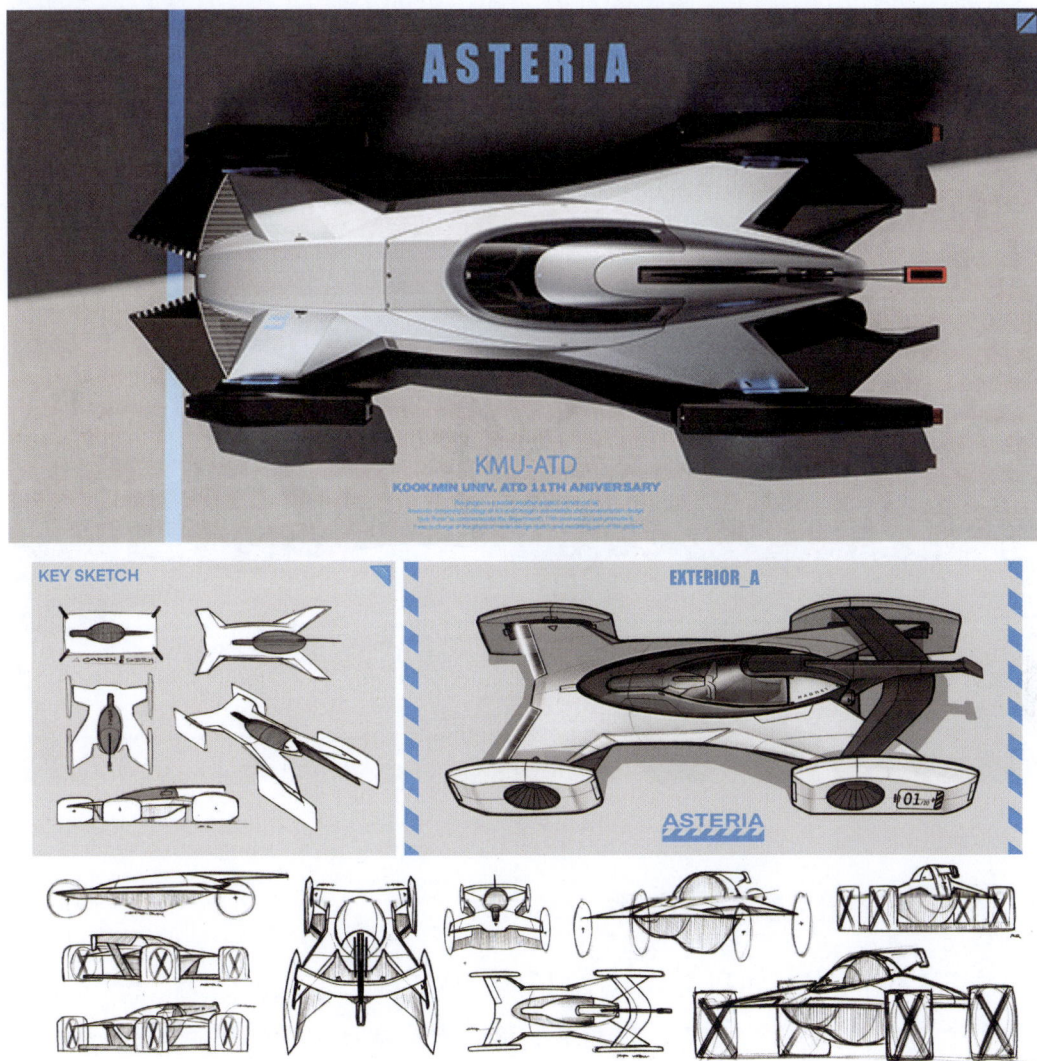

图 4-16

4.1.8　出血图的运用

在图文编排设计中，将图片剪裁至满版展示是一种常见的排版方法。在进行这种处理时，通常需要在图片四边多留出 3 毫米的出血边距，以防裁剪不精确导致图片偏小，出现白边，影响整体效果。若希望某些图片更加引人注意，则可进行出血处理，即将图片放大超出页面边缘，使页面看起来更加宽广。不过，需要注意的是，重要内容应避免被放置在订口位置，因为在装订过程中这些部分可能会被损坏。

图 4-17

4.1.9　调整图片的位置关系

调整图片的位置可以有效地控制信息的先后顺序。版面的上、下、左、右及对角线交点都是视觉焦点，其中左上角通常是常规视觉流程中的首个焦点。因此，将重要的图片放置在这些位置有助于突出主题，使整个版面层次分明且视觉冲击力增强。此外，如果将某张图片与其他图片之间保持较大的间距，那么这张图片将更为显眼，从而引导观者将其视为特别的内容。

图 4-18

4.2　图片的处理方式 ✏

4.2.1　裁切与缩放调整

设计师可以通过裁剪改变图片的比例（如 16∶9、4∶3、1∶1 等），从而使图片更适合版面布局。具体来讲，可以选择保持长宽比，在不失真的情况下等比例缩放图片，确保图片的清晰度和美观度不受影响，也可以选择缩放，根据需求改变图片的尺寸，但要避免变形导致视觉不适。

原尺寸　　　　　　　　　　　　裁剪缩放后

图 4-19

4.2.2　旋转与翻转调整

　　将图片旋转一定的角度，可以有效打破传统的水平或垂直布局，赋予设计更多的动感和活力。例如，在展示产品时，轻微的倾斜可以使视觉焦点更集中，带动观者的目光在版面上移动。这种方式特别适用于创意设计、广告、海报等需要强烈视觉冲击的场合。旋转图片还可以帮助多个元素建立关联，使图片更有节奏感和层次感。

　　水平或垂直翻转图片则是另一种调整图片方向的手段。水平翻转可以使图片的视觉流动产生变化，适合在需要左右对称或打破左右视觉习惯时使用。例如，图片的主体原本向左，可以通过水平翻转让图片的主体向右，这样更符合页面的整体布局需求，或者引导观者的视线向右方信息移动。垂直翻转则常用于让元素上下呼应的设计中，有助于打破常规的视觉惯性。

　　通过进行合理的旋转或翻转，图片不仅可以更加灵活地融入版面中，还可以为设计赋予更多的个性和创造性，打破传统的静态布局，呈现动态和更加引人注目的视觉效果。

图 4-20

4.2.3　色彩调整

设计师通过调整图片的色彩饱和度，可以营造不同的氛围。提高色彩的饱和度可以使颜色变得更加鲜艳、浓烈，从而带来一种生动、活力四射的视觉效果，这通常用于吸引注意力的设计，如广告或促销材料。相反，降低色彩的饱和度会使颜色更加柔和、淡雅，这通常用于需要营造宁静、舒缓氛围的场景，如婚礼设计、家居展示等，从而给观众一种安静或温馨的感受。

调整色相则可改变图片的整体色调，以匹配设计的色彩主题。将色相调整为暖色调（如红色、橙色或黄色）可以传递温暖、热情的感觉，适合用于节庆或友好、充满活力的设计。将色相调整为冷色调（如蓝色、绿色或紫色）则能营造冷静、理性或现代的氛围，适用于科技、商务等领域的设计。

通过调整饱和度与色相，图片的情感表达与视觉效果能够与设计主题更好地契合。

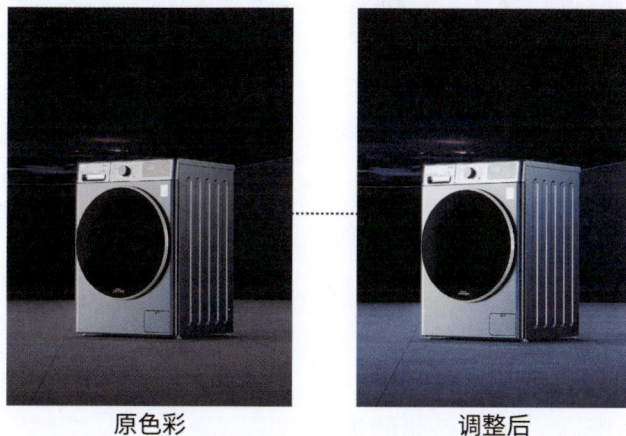

原色彩　　　　　　　　　调整后

图 4-21

4.2.4　亮度与对比度调整

亮度调整是根据图片的色调对其明暗程度进行调整，确保图像在不同背景下都能清晰可见。亮度过低会使图像显得过于暗淡，失去细节，难以在较暗的背景中识别；亮度过高则可能导致曝光过度，使图片失去层次感。合理调整亮度，可以增强图片的视觉表现力。

对比度调整则指通过增加或减少图片中明暗部分的差异，使细节更加突出。提高对比度可以增强图片的视觉冲击力，突出重要细节，常用于强调物体边缘或层次感；降低对比度则会使图片显得更加柔和，适合营造平和的视觉氛围。

亮度与对比度的平衡是确保图片视觉效果良好的关键。亮度与对比度的调整也可以用于模拟产品的不同使用场景。

亮度降低   亮度提高

图 4-22

4.2.5 滤镜效果调整

以 PS 滤镜为例，滤镜种类有模糊、扭曲、锐化、杂色、艺术效果、纹理、像素化等。

常用滤镜有模糊滤镜和扭曲滤镜。

（1）模糊滤镜的功能在于模糊图片的部分区域或全部区域，常用于柔化边缘或背景。

其常见类型如下。

- 表面模糊：模糊细节同时保持边缘清晰。
- 动感模糊：模拟物体在运动时的模糊效果。
- 高斯模糊：产生平滑、渐进的模糊效果。
- 镜头模糊：模仿相机镜头的散焦效果，模拟景深。

（2）扭曲滤镜的功能在于对图片进行扭曲、拉伸或变形，从而创造独特的视觉效果。

其常见类型如下。

- 波浪：模拟波浪的起伏效果。
- 波纹：产生波浪状的扭曲效果。
- 极坐标：将图片从矩形坐标系转换为极坐标系，产生环状效果。
- 旋转扭曲：将图片进行旋转式的扭曲。

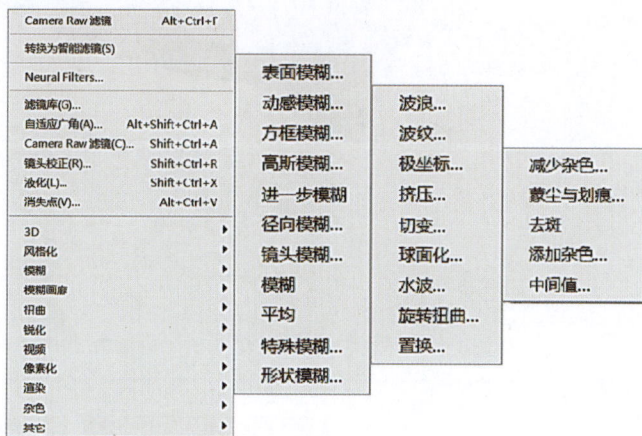

PS 部分滤镜展示

图 4-23

4.3 图片处理的注意事项

4.3.1 覆盖订口的图片排版注意事项

图片可以被放在杂志版面的任一位置，但是对于翻页的部分，需要注意图片覆盖订口的情况。因为订口是装订的位置，所以在订口附近的内容一般都很难阅读到。但在排版时，可能会出现一张照片横跨两页的现象，这个时候应该通过裁选让图片中的重要部分与订口错开。特别是拍摄的人物照片，在此情况下应该谨慎排版。

图 4-24

4.3.2 被摄体的视角

被摄体的视角不是排版时必须考虑的要素。但是，在编辑图片时设计师需要考虑被摄体视角的方向和动态。在摄影、设计和视觉艺术中，平视、俯视和仰视是三种常见的拍摄角度，它们分别具有独特的视觉效果和情感表达方式。每种拍摄角度都会影响观者对被摄体的感知和情感共鸣。平视视角指的是拍摄者与被摄体处于同一水平线的位置，通常与人物的眼睛平齐。由于平视视角没有俯仰角度的变化，因此给人一种自然、直接的感觉。俯视视角是从高处向下拍摄，拍摄者的位置高于被摄体。俯视视角通常让被摄体显得较小，甚至有时会出现局部压缩的情况。仰视视角是从低处向上拍摄，被摄体的位置高于拍摄者。仰视视角使被摄体显得高大、宏伟或威严，带有上升的力量感。

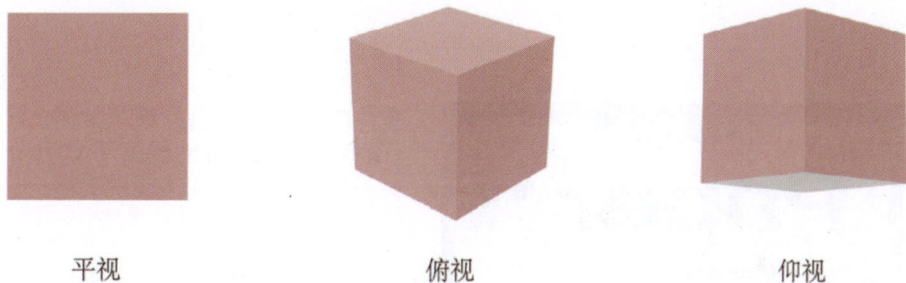

平视　　　　　　　俯视　　　　　　　仰视

图 4-25

4.3.3 图片裁剪处理注意事项

在裁剪图片时，应将需要的部分清晰地保留下来，将不需要的部分裁剪干净；应避免把被摄体拦腰截断，出现画面违和的情况。此外，将原图的一部分大幅剪裁后剩下部分的图片画质也会变差，因此要把握好裁剪的幅度，避免对图片进行不合理的裁剪。

4.4 图文混合编排 ✏️

图文编排设计中最常见的组合就是图片与文字的混合编排。图文结合可以增强版面的表现力。因此，掌握图文结合的排布方式是十分重要的。

4.4.1 统一图片与文字的边线

同一版面中的图片与文字应该是统一的，所谓统一，并不是对版面中的所有元素都采用同样的编排形式（这样会令版面呆板无趣），而是在统一中有变化。统一图文的边线是其中一种有效的处理方法：在软件中可以使用参考线来帮助约束图文的边线，从而更好地优化视觉层级；在纸上可以合理运用尺规作图。

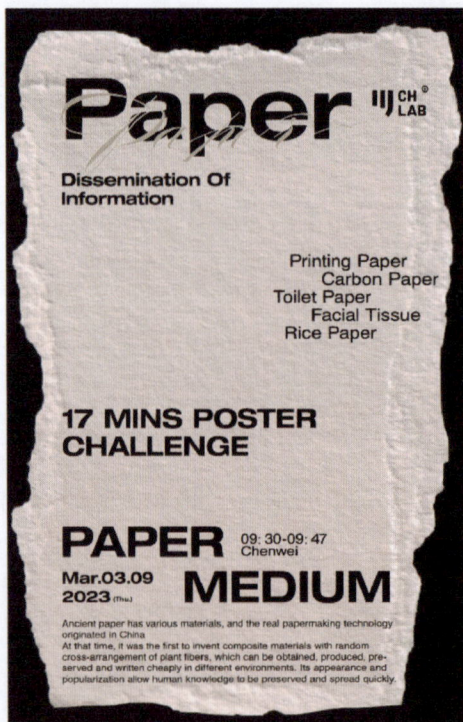

图片内容为裁切后的纸张效果，通过裁切形状很好地约束了文字内容，达成视觉统一。

不规则的形状增加了视觉动感，也约束了文本，动静结合。

图 4-26

4.4.2 合理编排图片与文字的位置

对图片与文字进行混合编排时，要注意两者之间的位置关系，避免因为图片位置不合理而影响到文字的可读性。也就是说，图片的编排应该在不妨碍观者视线移动的基础上进行，以免造成版面混乱，破坏视线的流畅性。

4.4.3 文字绕图的版式

为了保证图片与文字的各自独立，可以采用文字绕图的版式。图片与文字之间需要保持一定的距离，确保两者不会交叠，从而实现在大段连贯的文字中穿插图片的可能。

图 4-27

4.4.4　合理的栏宽

在图片与文字混排的版式中，图片的编排会对文字阅读产生影响，出现跳行、混淆内容等阅读上的困难。因此，设计师在设计时需要考虑到图片对文字的影响。当图片与文字共同存在于同一个版面时，栏宽需要根据图片的大小和数量进行调整。为了保持版面的视觉平衡，图片与文字的栏宽应当协调一致。通常，图片的宽度不宜超过文本栏宽的 2 倍，以避免视觉上的不对称或失衡。

图 4-28

4.4.5 图片与文字的颜色处理

在图文编排设计中，除了图片本身的颜色，文字的颜色也影响着版面的整体效果。在通常情况下，版面中文字多为黑色的，因为黑色属于无彩色，可以与任何有彩色进行和谐的搭配，并且黑色的可视性强，可以使阅读更加流畅。除了黑色，所有的有彩色也都可以作为文字的颜色使用，起到活跃版面、提示重点等作用。与图片搭配时，文字的颜色可以从图片中提取，使图文的联系更紧密，但不适宜大篇幅使用。

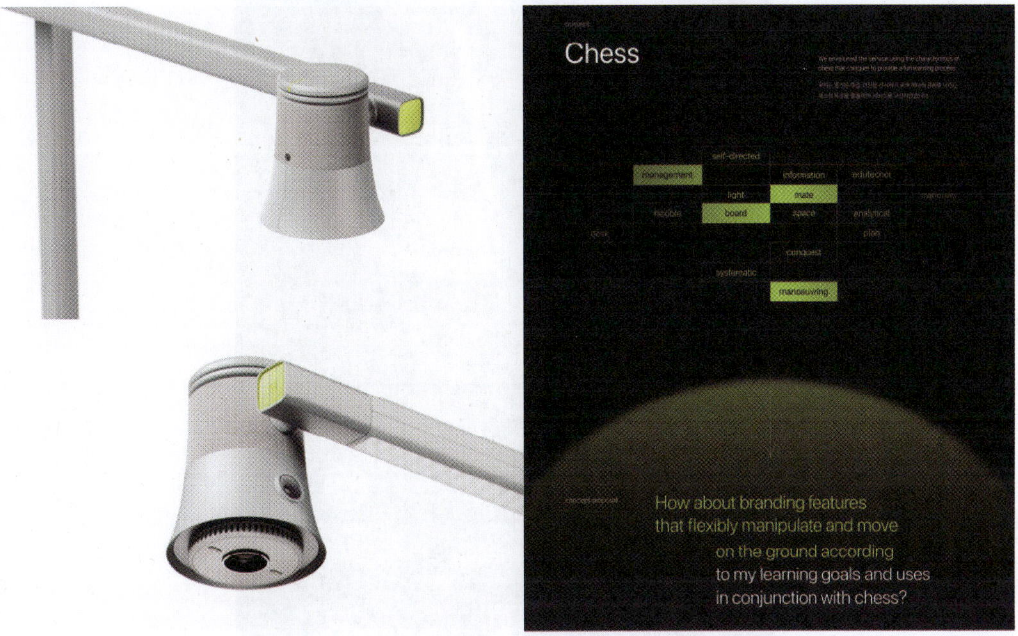

图 4-29

4.4.6 主次型图文关系

主次型图文关系是指在视觉设计中，通过明确区分主要元素与次要元素来引导观者的注意力。通常，主要元素（如标题、关键图片或核心信息）占据显著位置或通过尺寸、颜色等手段突出，而次要元素（如说明文本、次要图片）则相对低调，但依然与主要元素保持和谐统一。这样排列可以帮助观者快速抓住重点内容，同时提供辅助信息，使整体设计既清晰又富有层次感。

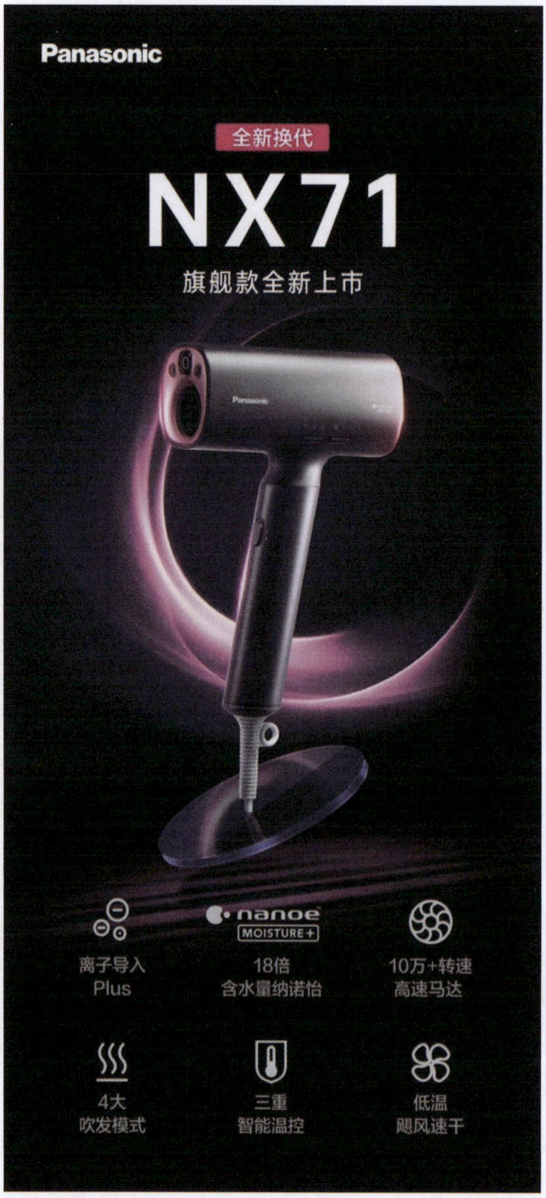

图 4-30

4.4.7 共鸣型图文关系

　　共鸣型图文关系是指在视觉设计中图片与文字紧密配合，互相呼应，共同传达一致的情感或理念。这种关系强调图文间的情感共鸣，使两者相辅相成，从而增强整体设计的表达效果。图片不仅仅是文字的装饰或补充，而是通过相似的风格、色调或内容，与文字共同营造出强烈的情感氛围或传递一致的信息。这种设计方式能够加深观者的理解与体验感，从而产生更深刻的情感共鸣。

图 4-31

4.4.8 对比型图文关系

对比型图文关系是指在视觉设计中图片与文字通过冲突或差异形成鲜明的对比，从而吸引观者的注意力。这种对比可以体现在内容、风格、颜色、大小、距离等多个方面。例如，图片与文字可以传达相反或互补的含义，或者通过极具反差的视觉处理来强调某个概念。对比型图文关系可以通过冲突或差异增强视觉冲击力，促使观者进行思考，从而加深对设计主题的理解与记忆。

第四章 总结

图 4-32

第五章
色彩的应用

5.1 色轮上的色彩关系

设计师对色彩的运用深受文化、宗教信仰、性别及个人偏好的影响。色彩是难以捉摸的，其意义需结合具体情境去领悟。色彩拥有变幻的光学特性，是一种物理存在，也活跃于数字领域中。

部分设计师在色彩运用上展现出非凡的天赋，他们能够调配出别具一格的色彩，并充分挖掘色彩的潜力，实现一种具有象征意义、广泛且深刻的表达。对于那些尚未掌握色彩奥秘的设计师来说，深入研究色彩搭配显得尤为重要，而色轮正是他们探索色彩世界的良好起点。

研究基础色彩关系应从颜料色轮开始——它展现了色彩调和的基本原理。在色轮上，三原色——红色、蓝色与黄色，通过一个内接的正三角形紧密相连，形象地展示了这些基本的色彩组合方式及其相互间的关系。当设计师针对特定项目、品牌或实体制定配色方案时，采用这样的基础原色组合往往能使作品显得鲜明而富有表现力，从而营造出大胆、元素化的视觉效果，或者唤起怀旧与纯真的情感。

次要色——橙色、绿色与紫色，则是通过三原色相互混合而产生的。相较于原色组合，这些合成色在色轮上的位置更为接近，反映出它们之间的色彩差异相对较小。作为合成产物的它们，在色彩关系上显得更为和谐而不张扬，能为设计增添一种内敛的美感。

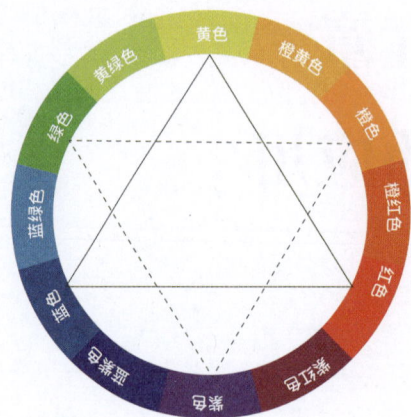

图 5-1

将原色与次级色相互融合会衍生出介于两者之间的过渡色：蓝色（原色）与绿色（次级色）的结合便产生了蓝绿色（过渡色）。这三个色彩群组（原色、次级色及过渡色）共同构成了色轮的基础框架，为设计师提供了色彩搭配指南。

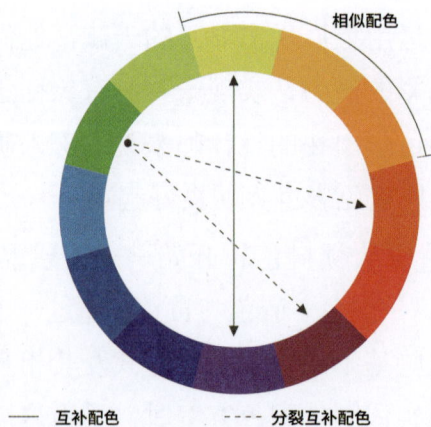

图 5-2

中性色包括白色、黑色和灰色，也被称为无色的颜色，在色彩搭配中所扮演的角色深受其用量、所处位置及背景色调的影响。在由多种饱和色构成的组合中，白色、黑色和灰色可以作为视觉上的过渡区域，或者色彩上的中立地带。依据使用量，黑色可能会让设计作品的整体色调变得更为深沉（并增强深度感），而白色则可能使设计作品显得更为明亮（并拓展视觉空间）。黑白两色的对比关系还可以用来创造强烈的反差，区分不同的元素或增添戏剧性效果。使用灰色来环绕饱和色能够巧妙地引导视觉焦点，使这些色彩备受瞩目。

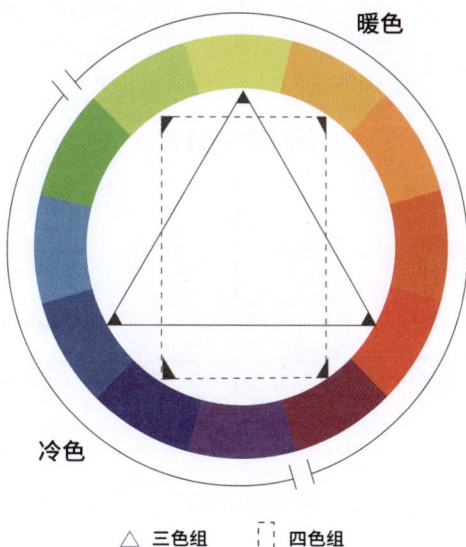

图 5-3

5.2　色温

　　色彩可以根据其给人的视觉感受分为暖色和冷色。这种分类依据的是色彩让人产生的温暖或清冷的感觉。值得注意的是，色温并不是一个绝对的概念，而是会随着主色调强度的变化而变化。举例来说，含有蓝色成分的红色可能会比红橙色显得更冷。此外，色彩的饱和度和明度也会对色温产生影响。

在打印过程中，色温还会受到印刷纸张颜色的影响。尽管深色或暗色的色温可能较难进行直观判断，但它们确实也存在冷暖之分。此外，通过混合得到的灰色并不一定是中性的，而可能带有冷暖倾向。

对于设计师而言，在进行色彩混合，尤其是处理具象图片时，采用全冷色调或全暖色调的配色方案往往更为理想。当冷色与暖色在同一设计方案中并置时，它们可能会产生视觉上的分离感或差异感。例如，如果你正在绘制一个蓝色的盒子，那么选择蓝色、蓝灰色或其他冷色调来为盒子的表面着色会更为和谐。如果尝试使用暖褐色或暖灰色来描绘盒子的暗部，那么这些暖色会与原有的冷色形成鲜明的对比，这样不仅无法有效地增强盒子的立体感，反而可能导致视觉上的不连贯。

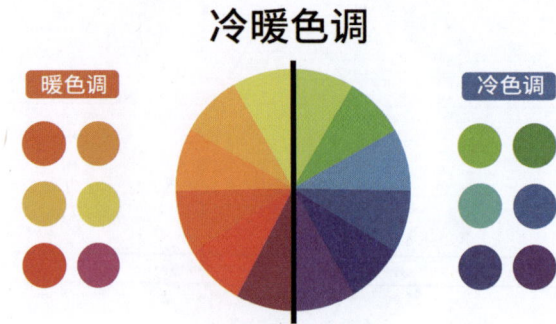

图 5-4

在色轮上，冷色与暖色的对比往往会创造出一种视觉张力或空间上的"推拉"效果。冷色与暖色相邻时，通常给人一种错觉，仿佛暖色在向前移动，而冷色在后退。然而，这种视觉效果并不是绝对的，它还受到构图中色彩的具体搭配方式、饱和度、明度及位置安排等多种因素的影响。

在非写实图片或排印设计中，色温的运用可以创造出鲜明的对比效果。但值得注意的是，冷色与暖色搭配不当可能会显得格格不入。色温在提升设计表现力方面发挥着重要作用，能够引导观者感受到火热、温暖、宁静或凉爽等不同的氛围。人类的大脑和眼睛在感知色彩时往往以一种相互关联的方式，即人类在注视一种色彩时会不自觉地注意到其周围的色彩。因此，一种色彩的视觉效果往往会受到周围色彩环境的影响，从而产生变化。

5.3 色彩情感 ✏️

我们生活在一个充满色彩的世界，色彩不仅使我们周围的环境更加丰富多彩、妙趣横生，而且影响着我们的情绪。色彩具有一定的情感效应，也就是说，当我们观察到某种色彩时，它会在我们内心唤起特定的感觉或情绪，或者对我们的心理状态产生影响。不同的色彩会让人们产生不同的情绪。学习色彩情感的目的是掌握色彩对人心理影响的规律，从而进行正向运用。

5.3.1 色彩联想

色彩联想是人脑的一种积极的、逻辑性与形象性相互作用的、富有创造性的思维活动过程。我们在看到色彩时，能联想和回忆某些与色彩相关的事物，进而产生相应的情绪变化。

色彩联想分为具体联想和抽象联想。具体联想是指由看到的色彩联想到具体的事物，比如看到红色联想到太阳、火焰、红旗等；抽象联想是指由看到的色彩联想到某种抽象的概念，比如看到红色联想到温暖、危机、喜庆等。

图 5-5

5.3.2 九大色系的特征

1. 红色

红色在视觉上会有一种临近感和扩张感。红色的效果富有刺激性，给人以活泼、生动和不安的感觉，以及性格强烈、外露的感觉，包含着一种力量与热情，象征着希望、幸福、生命。

- 红色给人温暖、热情、欢乐之感，用于表现火热、生命、活力与危险等信息。
- 红色联想：夕阳、火焰、血液、五星红旗、中国结、红灯笼；炎热、战争、革命、热情、激情、危险、恐怖。

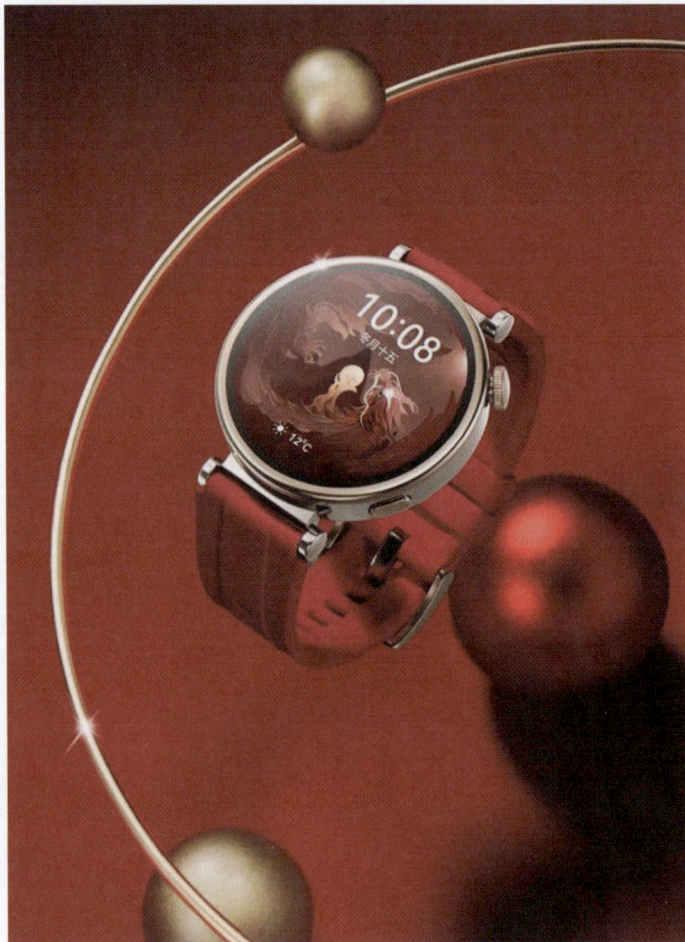

图 5-6

2. 橙色

橙色比红色的明度更高，给人以兴奋、活泼的感觉，并具有富丽、辉煌、炽热的感情意味，它具备长波的基本特征：温暖、光明、活泼、干燥。橙色给人以温暖的感觉，属于暖色调。

- 橙色给人兴奋、成熟、稳重、含蓄、丰收、喜悦、营养、华丽、诱惑之感，非常受人欢迎。
- 橙色联想：香橙、夕阳、灯光；甜蜜、温暖、喜欢、丰收。

图 5-7

3. 黄色

黄色常给人以稍带点轻薄、冷淡的感觉。黄色又常使人产生一种欣喜的感觉。黄色是一种高明度、高纯度的颜色，非常亮、非常艳。

- 黄色是最能引发人高声叫喊的色彩，有种与生俱来的扩张感和尖锐感。
- 黄色联想：阳光、灯光、柠檬、迎春花、黄金；光明、希望、快乐、活泼、富贵。

图 5-8

图 5-9

4. 绿色

绿色是稳定的，能起到缓解疲劳的作用，给人以性格柔顺、温和、优美、抒情的感觉，象征着永远、和平、青春、鲜艳，但在明度低（墨绿色）时或者某种特定条件下，绿色也会带有消极意义，有时可营造出阴森、晦暗、沉重、悲哀的氛围。绿色在大多数情况下会给人带来积极的感受，同时也是人的视觉最容易接受的颜色。

- 绿色具有稳定感、平静感，色相范围相对较广，人们的视觉对于绿色表现得比较适应。

- 绿色联想：大自然（树木、草地）等；和平、青春、安全、成长。

图 5-10

图 5-11

5. 蓝色

蓝色代表广阔的天空的颜色，同时能使人联想到深不可测的海洋，可表现人的沉静、冷淡、理智、博爱、透明等性格特征。蓝色也是一种体现消极的、收缩的、内在的色彩。

- 蓝色给人冷静、宽广之感，用于表现未来、高科技、思维等信息。

- 蓝色联想：蓝天、大海；平静、理智、高尚、沉着、稳重。

图 5-12

图 5-13

6. 紫色

紫色是纯度最低的色彩，同时又是明度最低的色彩。在可见光谱中，紫色的光波最短，眼睛对紫色的感知度最低。紫色可用于表现孤独、高贵、奢华、优雅而神秘的情感。

- 紫色给人以神秘、含蓄、享乐、幻想、优雅之感，用于表现悠久、深奥、理智、高贵、冷漠等信息。

- 紫色联想：丁香花、紫藤、葡萄；梦幻、神秘、高贵。

 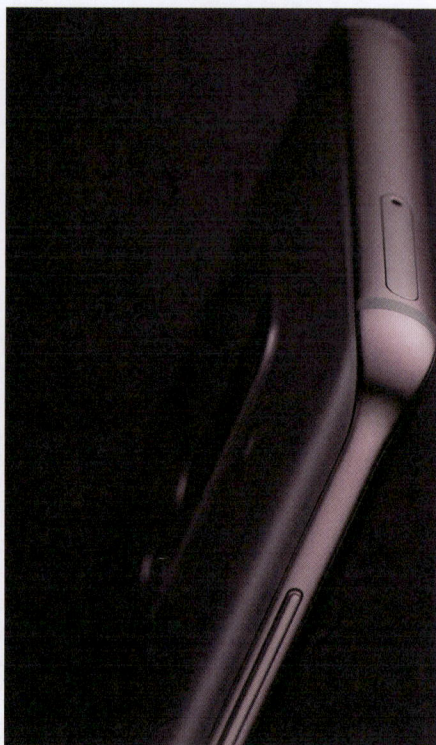

图 5-14   图 5-15

7. 白色

白色象征纯洁、光明、纯真，同时又可表现轻快、恬静、清洁、卫生，可用于表现单调空虚，具有不可侵犯的个性。设计师不能仅停留在色块表面的拼接上，还要懂得色彩情感的表达。

- 白色具有明亮、洁白、纯粹、洁净、坦诚之意。寂静、洁白的雪景，纯白色的婚纱都给人一种一尘不染的感觉。因此，必须树立洁净形象的医院等地方多使用白色。另外，由于白色容易与其他色彩相配，因此非常受女性青睐。

图 5-16

图 5-17

8. 黑色

黑色使人联想到黑暗、黑夜、寂寞及神秘，意味着悲哀、沉默、恐怖、罪恶及消亡，可用于表现严肃、含蓄、庄重和解脱。比如黑色服装可表现严肃之感，在一些非常正式的场合中往往穿黑色服装以显得庄重。对于时尚用色，黑白都是经典。

- 黑色给人以高贵、时尚之感，常用于表现重量、坚硬、男性、工业等信息。
- 黑色联想：黑夜、墨水；寂静、恐怖、严肃、正义、邪恶、刚强。

图 5-18

图 5-19

9. 灰色

灰色好似白和黑的混合色,具有柔和的特点,倾向性不明显,自身显得毫无特点。

- 灰色给人以平凡、失落、中庸、颓废、阴森的感觉。
- 灰色联想:乌云、水泥、烟雾、阴天;平凡、忧郁、失落、阴暗、颓废、丧失信心。

图 5-20

图 5-21

5.4　配色方案 ✎

5.4.1　协调统一的配色设计

　　配色设计有很多方法和技巧，但是若想让画面中的所有色彩达到协调统一的效果，有时也并非易事。人们常说，"配色看着舒服""配色看着难受"。这里的"舒服"和"难受"指的就是色彩搭配是否协调。协调的配色能让人心情舒畅和平静，不协调的配色会给人带来紧张、烦躁之感。因此，通过配色设计使画面中的各种色彩达到协调统一的效果是非常重要的。

1. 色相一致的配色

　　色相一致的配色是指使用同类色进行的配色。由于相似色的色相差异不是很大，因此，也可作为色相一致的配色方案。使用同类色或相似色进行配色，可以让画面达到最大限度的协调。

　　色相一致的配色也有其缺点，主要是单一的配色会导致画面单调，缺乏活力。

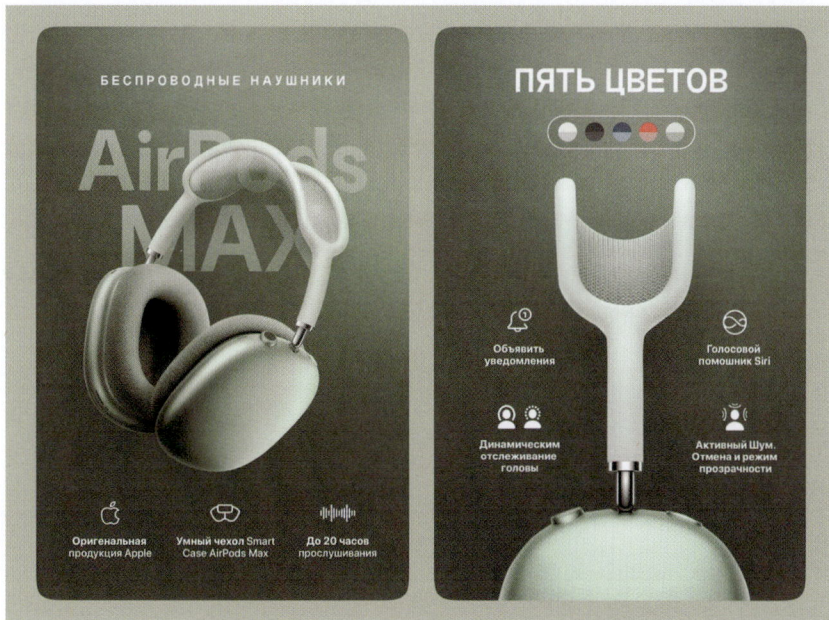

图 5-22

图 5-23

2．明度一致的配色

明度的强弱是最容易被人感觉到的。无论使用什么色相，只要保持所有色相具有相同的明度，就可以让所有色彩处于同一平面且使画面平衡。

进行明度一致的配色时需要注意，由于不同的色彩存在明度差，因此不能直接将所有色彩的明度都设置为相同的数值，而是要根据色彩明度的差异有所区别地进行设置。

明度一致的配色不会出现强弱对比，因此，不适用于需要引人注目的设计，比如广告和警示标志。

图 5-24

图 5-25

3. 纯度一致的配色

纯度决定了色彩的鲜艳程度。纯度高的色彩给人有精神的感觉，纯度低的色彩给人稳重、低沉的感觉。如果画面中的多种色彩具有不同的纯度，那么画面就会呈现散漫杂乱的状态。使用纯度一致的配色则可以使画面协调统一。

统一使用纯度高的多种色彩，会使画面产生强烈的刺激感，给人以热闹、喜悦之感。在这种情况下，如果减少用色数量，就会体现强有力的感觉。

统一使用纯度低的多种色彩，会使画面变得暗淡，给人以沉稳、平静的感觉。

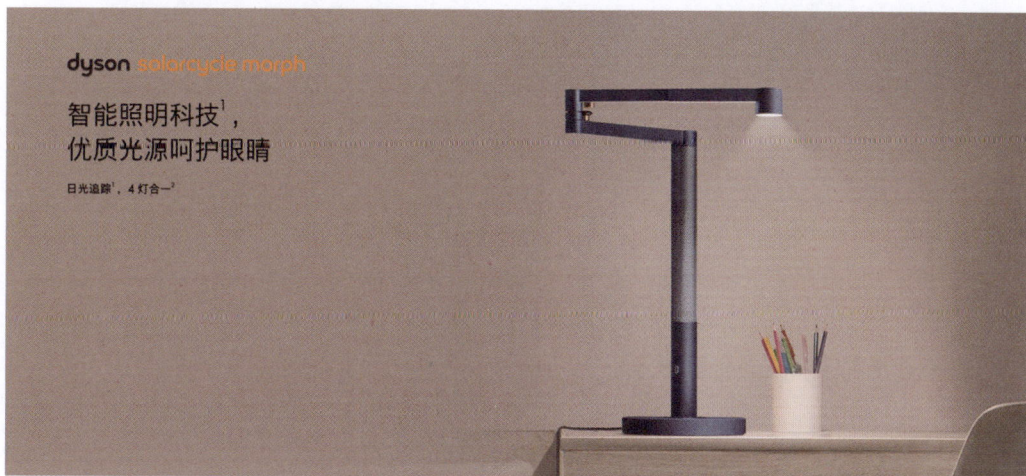

图 5-26

4．使用渐变色营造层次感

使用"节奏"法则中的"渐变"设计形式，可以让画面体现出有秩序的美感。渐变色通常用作连接对比强烈的两种色彩之间的桥梁。例如，明度差异较大的红色和黄色，可以通过在其间设置渐变色来减弱两者的强烈对比。

1.2L

As an original designer brand focusing on coffee cups, it always adheres to the brand proposition of "hobby is valuable,

图 5-27

5．使用强调色增加趣味性

使用前面介绍的配色方法，可以让画面协调统一，但是会给人以平淡、单调的感觉。为了增加画面的趣味性，设计师可以在配色设计中加入强调色。

作为强调色的色彩，应该满足以下几个条件。

- 为了完全发挥强调色的作用，应该选择与背景色互补的色彩作为强调色。

- 强调色的纯度要高。纯度低的色彩会被周围的色彩埋没，无法起到强调的作用。

- 强调色的明度不应该过高。高明度的色彩在明亮的背景下的辨识度较低，在昏暗的背景下会因偏白而被忽略。

- 强调色的色彩在画面中的用量不宜过多。用量过多会让画面因繁杂而失去协调性。

图 5-28

图 5-29

6. 使对比强烈的色彩变得和谐统一

如果画面中必须使用对比强烈的色彩，但是又希望在这种情况下让画面尽可能和谐统一，那么可以在对比强烈的两种色彩中都加入另一种色彩，或者两种色彩都加入彼此的色彩，从而互相呼应。这样，由于对比强烈的两种色彩中都包含一定量的另一种色彩，因此，整体画面会变得更加和谐。

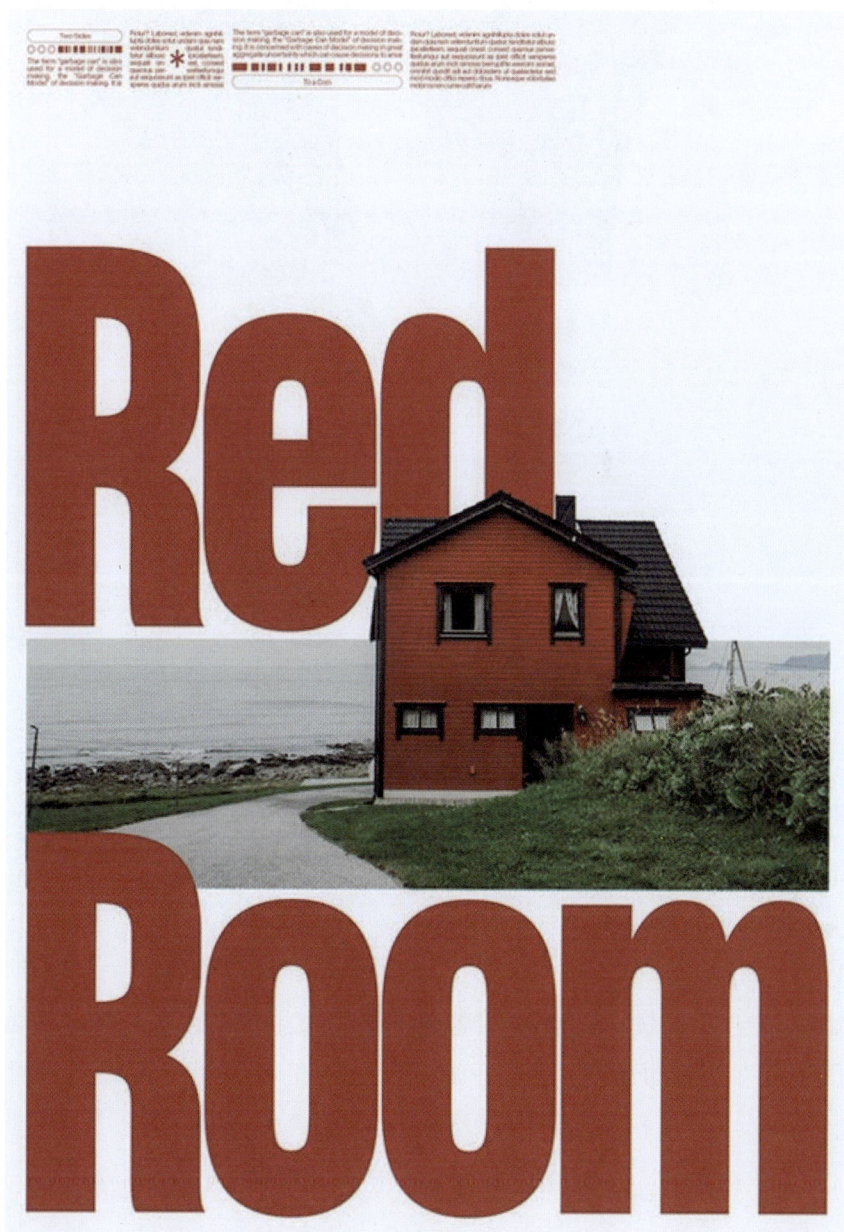

图 5-30

7. 从大自然获得协调的配色

大自然就是色彩搭配大师，因此除了根据配色规则进行配色设计，还可以从大自然获得协调的配色灵感。

图 5-31

5.4.2　强调对比的配色设计

协调统一的配色固然非常重要，但是在很多设计场合，需要增强画面的视觉冲击力以引人注目，此时就需要增强色彩之间的对比效果。但是需要注意，画面的整体效果仍然要保持协调统一，只在需要对比效果的局部增强色彩对比。

（1）在使用互补色的色彩组合来表现对比效果时，如果色彩的纯度高，就会产生光晕现象，即两种色彩的边界处看上去存在其他色彩。光晕是由色彩残像引起的。降低其中一种色彩的纯度可避免产生光晕现象。

（2）当一种色彩与高明度的色彩组合时，这种色彩看上去会比实际的明度低；当一种色彩与低明度的色彩组合时，这种色彩看上去会比实际的明度高。

（3）在进行明度对比的配色时，为了让文字或商标等内容能够清晰显示、易于识别，应该增加这些内容与背景的明度差。

（4）在进行纯度对比的配色时，最好避免过度使用高纯度的色彩，以免画面显得花哨、低俗。如果想让高纯度色彩的效果最大化，就应该降低画面中其他色彩的纯度。

图 5-32

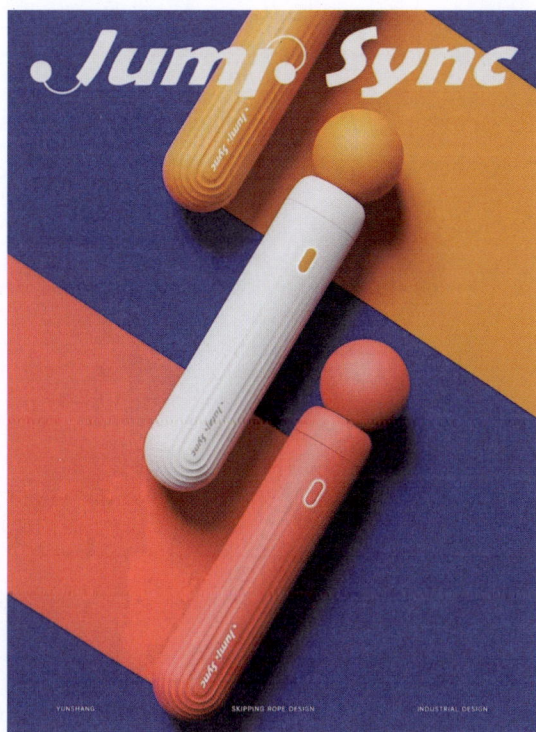

图 5-33

第五章　总结

第六章
网格系统

　　网格系统是一种设计工具，它通过在二维平面或三维空间中创建一个由单元格组成的结构来组织视觉元素。这些单元格的大小可以相同，也可以不同，它们的高度通常与文本的行数相匹配，宽度则与文本栏的宽度一致。设计中的度量单位，如点数和西塞罗，用于计算这些单元格的尺寸。单元格之间的间隙有助于文本的可读性，同时也为插图提供了空间。

　　通过使用网格系统，设计师可以更有效地处理版面中的各种视觉元素，如文本、照片、插画和色彩。网格系统不仅能够确保视觉信息的一致性和统一性，还能够依据具体设计任务的需求，灵活调整网格的尺寸规格与数量配置，以实现高度定制化的设计效果。

- 视觉传达的客观性：通过网格系统，设计师可以客观地构建设计主题，确保信息传递的清晰性和准确性。

- 系统的构建方法：网格系统允许设计师系统化和逻辑化地组织文本和插图，从而提高设计的条理性和逻辑性。

- 节奏关系的建立：在有限的空间内，网格系统有助于根据文本和插图的特点建立节奏感，从而增强视觉吸引力。

- 视觉元素的组织：网格系统使所有视觉元素能够有序地组织在一起，不仅易于阅读和理解，还能保持视觉张力。

此外，网格系统还具有经济和理性的优势。从经济的角度来看，网格系统可以用更短的时间和更低的成本来解决问题；从理性的角度来看，无论是简单的问题还是复杂的问题，都能通过一种既统一又独到的方式去解决。总之，网格系统是一种强大的设计工具，它通过提供清晰的结构和组织原则，帮助设计师创造出既美观又功能性强的作品。

6.1　页面元素

栏：版面布局中，通过线条或空白明确分隔出的独立内容区域（旨在组织信息，提升阅读流畅性）。

版心：去除版面四周白边（边距）后，剩余的用于承载主要文字与图片内容的区域，是版面视觉与信息传递的核心地带。

标题：版面布局中采用显著增大字号设计的文字元素（旨在概括内容主旨，迅速吸引并引导读者视线，增强阅读引导性）。

视觉焦点：通过设计手法（如色彩、大小、位置等）首先且强烈吸引读者注意力的区域或元素，是版面视觉层次结构的最高点。

正文：除标题外，版面中承载具体信息内容的文字段落，通常采用相对较小的字号，以保证信息的连续性与可读性。

页边距：版心边缘与最终成品边缘之间的空白区域，为内容提供了视觉缓冲，同时影响整体版面的平衡与美感。

注解：针对版面中的表格、插图等视觉元素所附加的文字说明，旨在提供额外信息、解释或补充说明，从而增强内容的易理解性与完整性。

天头：版心上方留有的空白区域，通常用于保证版面的呼吸空间，或根据设计需求放置特定元素（如页眉）。

地脚：版心下方留有的空白区域，与天头相对应，同样用于维持版面平衡与美感，有时也用于放置页脚信息。

出血：在印刷与装订过程中，为确保页面上的背景色、图像等元素在裁切后不被截断，而特意让这些元素超出最终裁切线一定距离（通常为 3mm）的设计要求。出血区域是裁切线以外的部分，对于实现无缝连接的视觉效果至关重要。

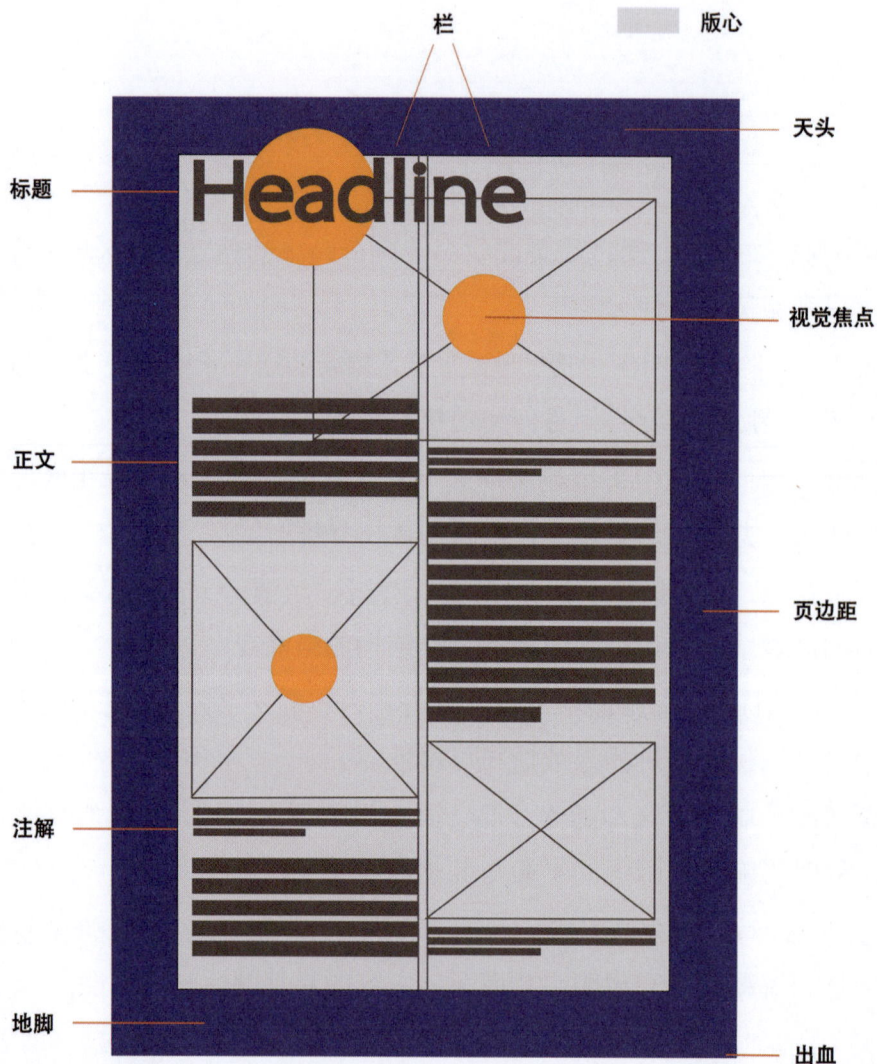

图 6-1

6.2 页面准则 ✏️

6.2.1 页面构造原理

1. 范德格拉夫原理

范德格拉夫原理作为一种版面设计原则，旨在通过数学比例优化书籍页面的布局，特别是文本区域与页边距之间的和谐关系。该原理也被称为秘密原理，其根源可追溯至中世纪手稿与古版书的排版实践。其核心在于确保文本区域的长宽比与整个页面保持一致，文本区域的高度由页面宽度经特定比例划分得出，即订口边距占九分之一，切口边距占九分之二，而文本区域则以与页面相同的比例缩放。

该原理提供了一种系统化的方法来设定页边距比例，通过选定一个基础单位，并以其 2、3、4、6 倍的数值分别确定切口、天头、订口、地脚的宽度，从而构建出视觉上平衡且舒适的页面布局。扬·奇肖尔德在其著作《书籍的形式》中推广了这一原理，进一步强调了该原理在现代书籍设计中的应用价值。

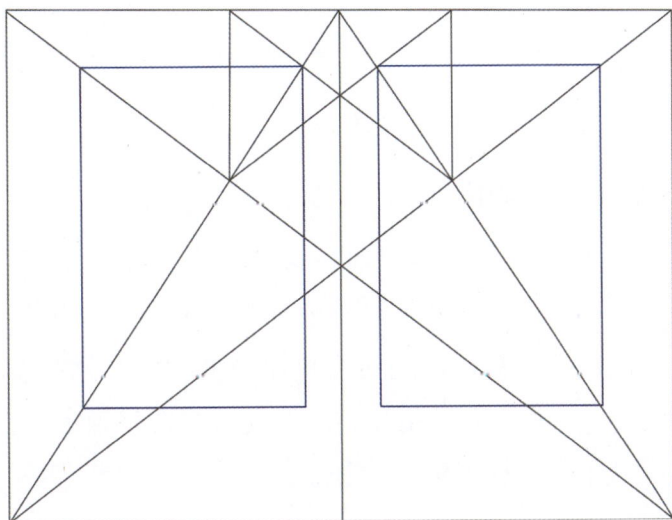

图 6-2

2. 奥内库尔图表

奥内库尔图表是一种利用数学原理实现版面和谐布局的方法，由建筑师维朗·德·奥内库尔提出并实践。该方法通过将直线进行三等分、四等分、五等分等细化处理，形成具有六分之一、九分之一、十二分之一等比例关系的网格结构，用以指导页面上方页边距的设计。与范德格拉夫原理相比，奥内库尔图表在细节划分上更为细腻，旨在通过更复杂的比例关系达到视觉上的和谐与平衡。

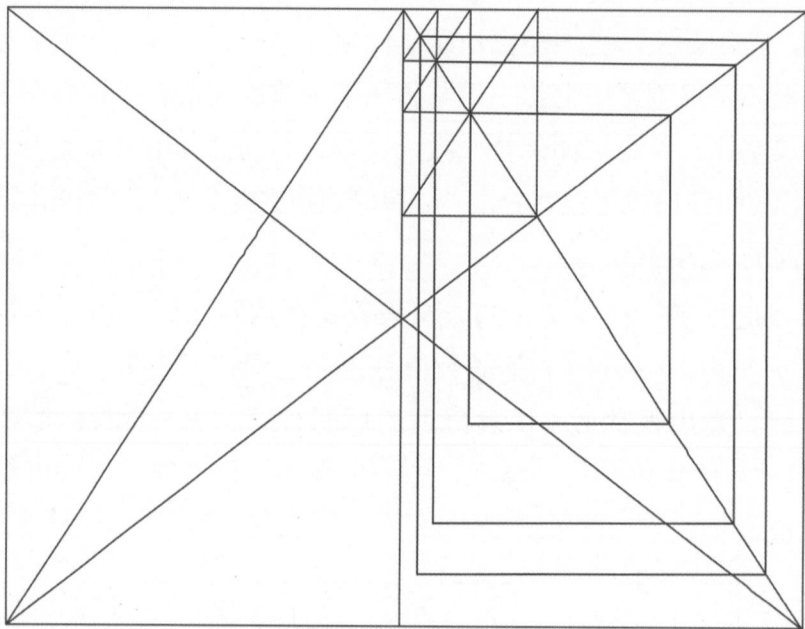

图 6-3

3. 劳尔·洛萨利沃准则

劳尔·洛萨利沃在 1947 年通过对古腾堡时期书籍的深入研究，揭示了这些经典作品中隐藏的页面构建秘密。他利用圆规和直尺等工具，发现了适用于各种页面尺寸的比例关系，即通过将页面高度和宽度分别九等分，构建出一个 9×9 的网格系统，并借助对角线和圆的几何特性来确定版心的具体尺寸。这一准则为现代书籍设计提供了一种基于几何美学的布局方案。

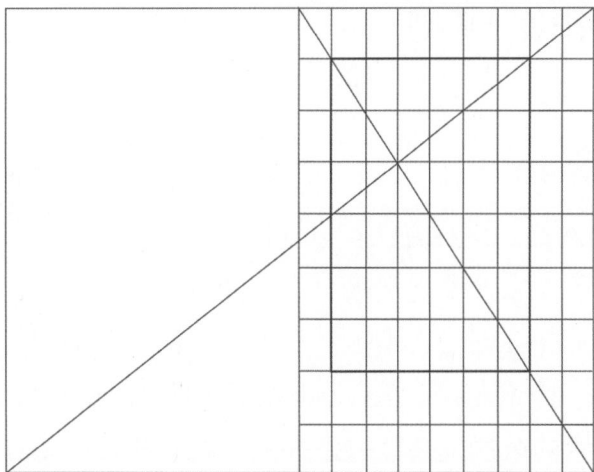

图 6-4

4. 奇肖尔德的秘密准则

扬·奇肖尔德作为 20 世纪杰出的版式与字体设计师，提出了一种更为直观且易于实现的页面布局方法。他主张在页面上划定一个黄金矩形作为版心的基础框架。这一做法与范德格拉夫原理在理念上不谋而合，但操作更为简便。奇肖尔德特别强调了 2∶3 的长宽比为最舒适的页面比例，这一比例不仅与斐波那契数列和黄金比例相吻合，还能够在视觉上实现文本区与整个页面的和谐统一。他进一步指出，这种比例能够最大化地提升阅读体验，使文本区的高度自然地与页面宽度相匹配。

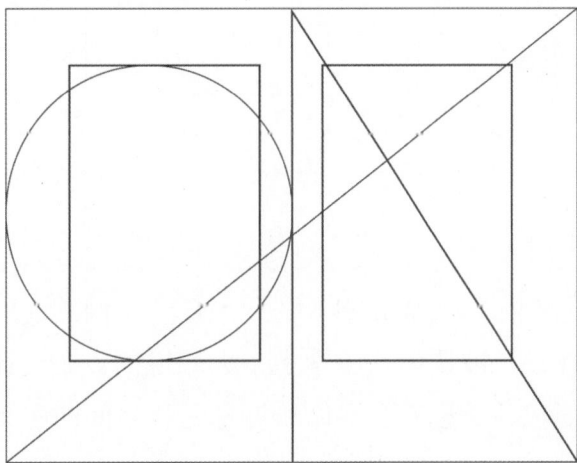

图 6-5

6.2.2 图文编排设计原则

1．三分法

三分法是一种构图原则，它建议将作品表面水平和垂直分别划分为三等分，形成 3×3 的网格。这种方法可以辅助设计师确定关键视觉元素的最佳位置，以增强作品的动态性和视觉吸引力。通过将重要元素对齐到网格线或它们的交点，设计师能够创造出平衡且引人入胜的视觉效果。三分法的交点是潜在的焦点区域，将元素靠近这些点可以增加其视觉权重，而远离这些点则会减少观者对元素的关注度。该方法促进了视觉平衡，并在设计中维持了一种动态的不对称性。

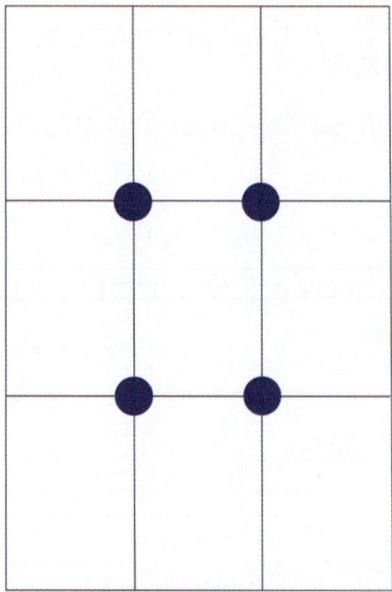

图 6-6

2．黄金比例

黄金比例，也被称为黄金分割，是一个数学比例。这个比例在自然界和艺术作品中普遍存在，被认为是美学上令人愉悦的。在设计实践中，黄金比例可用来确定页面尺寸、边距、字体和视觉元素之间的关系，以实现和谐与有序。

黄金比例

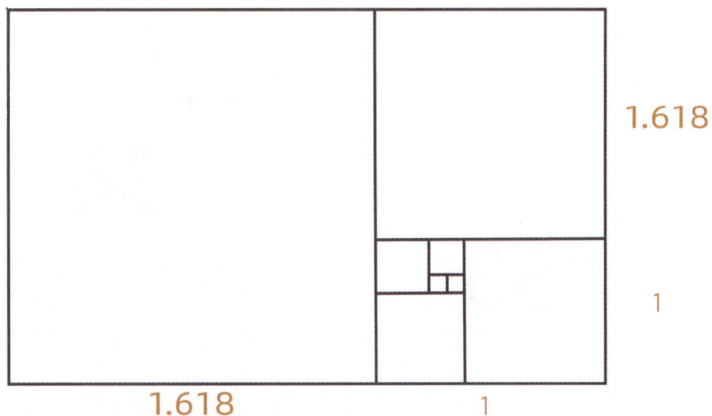

图 6-7

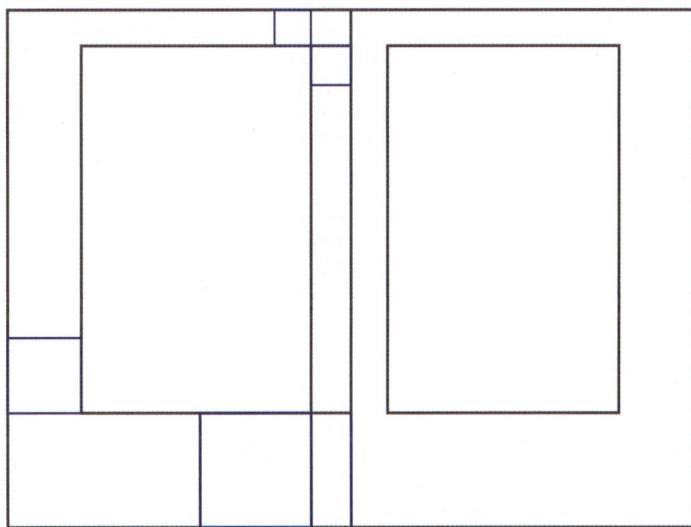

图 6-8

3. 斐波那契数列

斐波那契数列是一个数列，从第三个数开始，每个数都是前两个数的和（例如：0, 1, 1, 2, 3, 5, 8, 13, 21, 34…）。这个数列与黄金比例紧密相关，因为随着数列的增长，相邻两项的比值趋近于黄金比例。在设计中，斐波那契数列可以用来指导元素的排列和比例选择，从而创造出自然而和谐的布局。

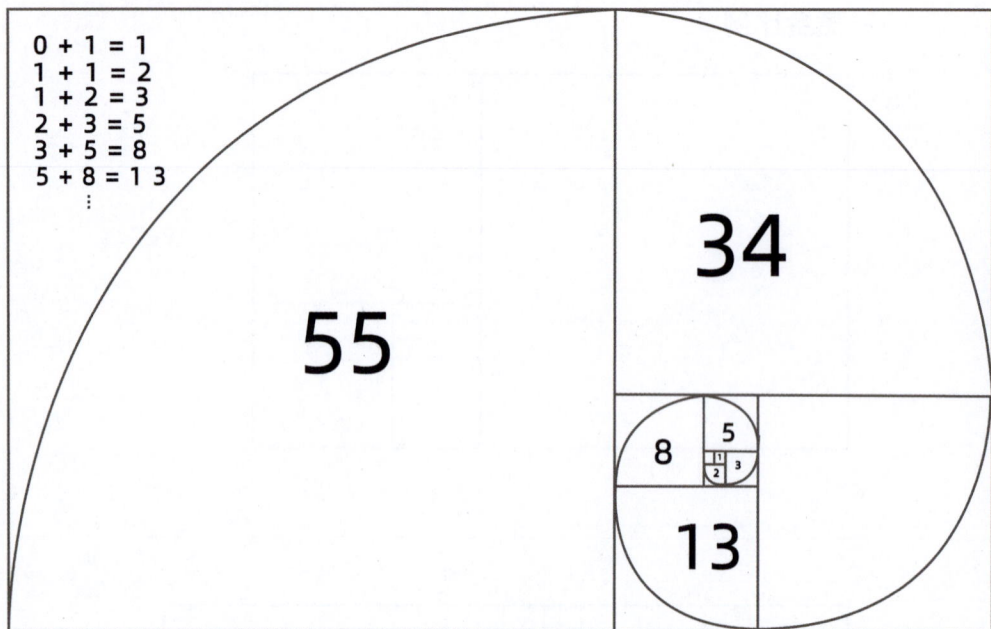

图 6-9

6.3　网格

6.3.1　网格元素

页边距：页面周边与版心之间的空白区域，它为版面设计提供了必要的边界，以确保内容的清晰度和可读性。

流线：亦称视线引导线，是指在版面设计中用于引导观者视觉流动的对齐线。它有助于组织页面上的横向信息，使观者的视线能够顺畅地从一页过渡到另一页。

模块：将页面划分为按照一定标准间隔均匀分布的单元区域。这些单元区域在页面布局中重复出现，形成有序的行列结构，从而创造出清晰的视觉层次和组织结构。

行：水平空间分割单元，是指版心中用于隔离不同内容区域的水平带状空间。其为文本、图片等内容提供了合适的承载区域。

栏间空白：两个相邻内容栏之间的空间。其有助于区分和强调版面中的不同部分，增强版面的视觉清晰度和组织性。

空间区：或称模块组、栏目组，是指在版面设计中为文本、图片或其他信息元素划分的特定区域。这些区域通过有序的组织和布局形成了版面中的功能单元，有助于信息的有效传达和视觉引导。

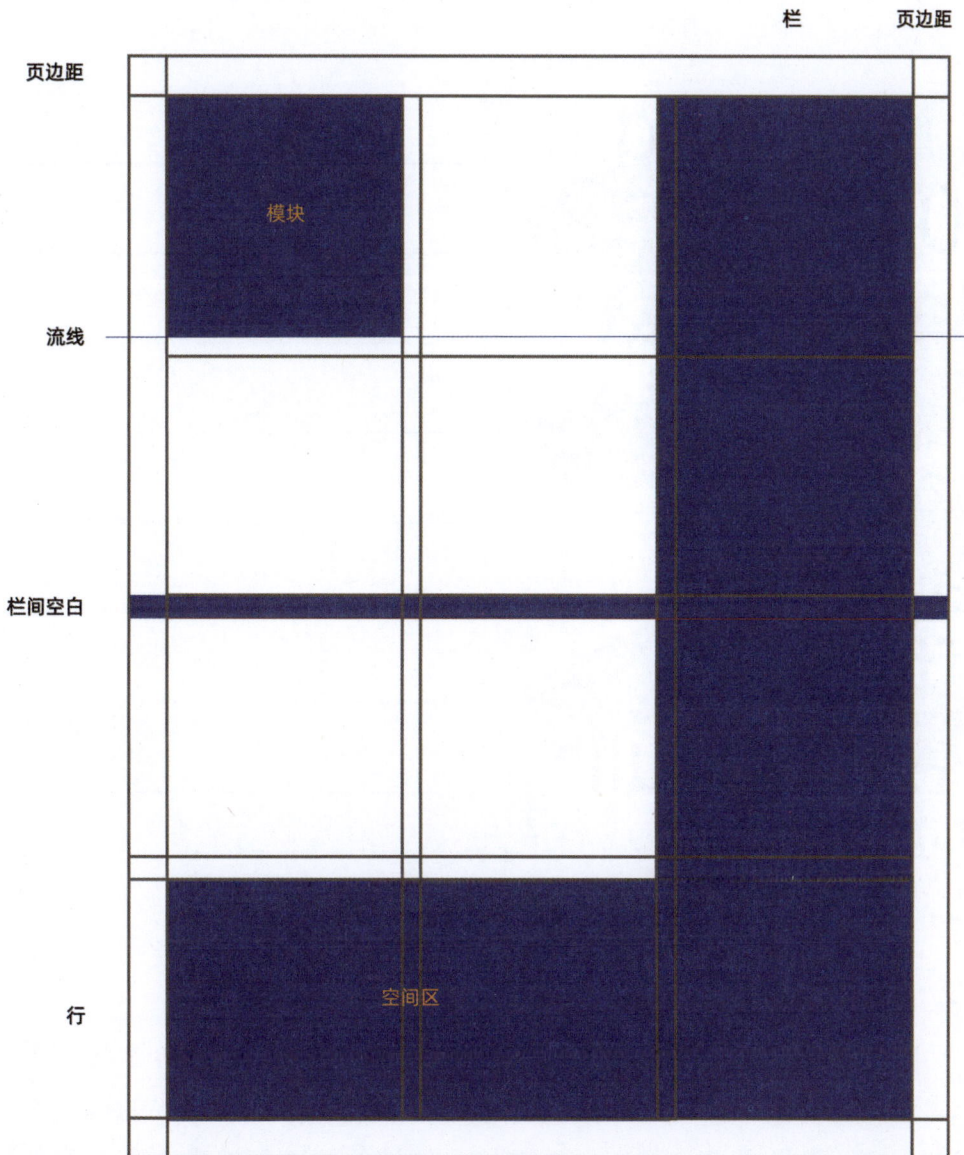

图 6-10

6.3.2 网格类型

1. 基线网格

基线网格依据文本字符的基线对齐原则，将版面垂直方向的空间用一系列等距的线进行划分，用于指导文本块的排列和定位。其主要功能是确保文本元素之间的视觉一致性和节奏感，同时提供足够的空间以维持清晰的阅读层次。

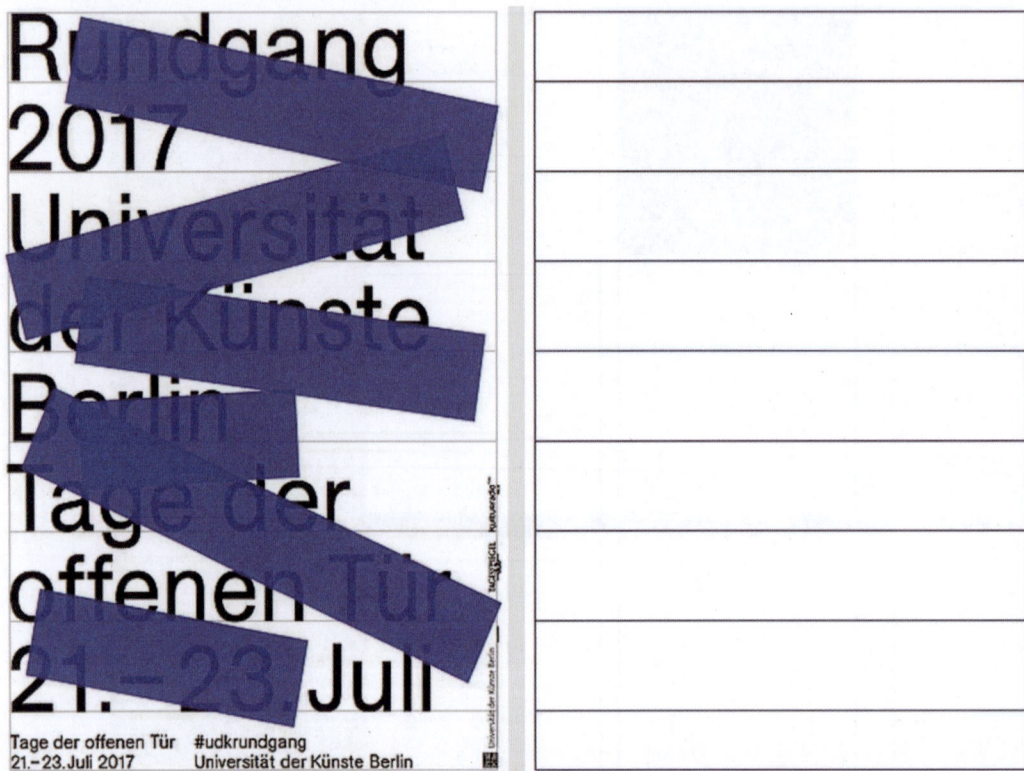

图 6-11

2. 模块化网格

模块化网格是一种基于重复单元的布局系统，即将页面分割成一系列等宽或不等宽的模块单元。模块化网格的核心优势在于其模块的可重复性和可组合性，有助于设计师在保持整体一致性的同时创造出丰富多样的版面效果。

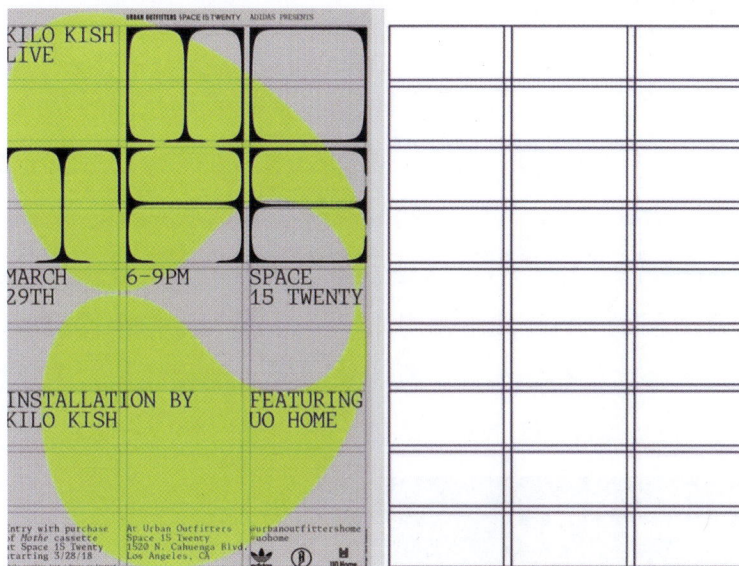

图 6-12

3. 层级网格

层级网格指通过创建不同层次的网格线和模块来进行页面布局。这种网格系统结合了对称和不对称的布局技巧，以引导观者的视线。通过精心组织元素的有序排列与精确对齐，层级网格系统能够有效地在复杂多变的版面设计中促进视觉平衡与整体统一性的实现。

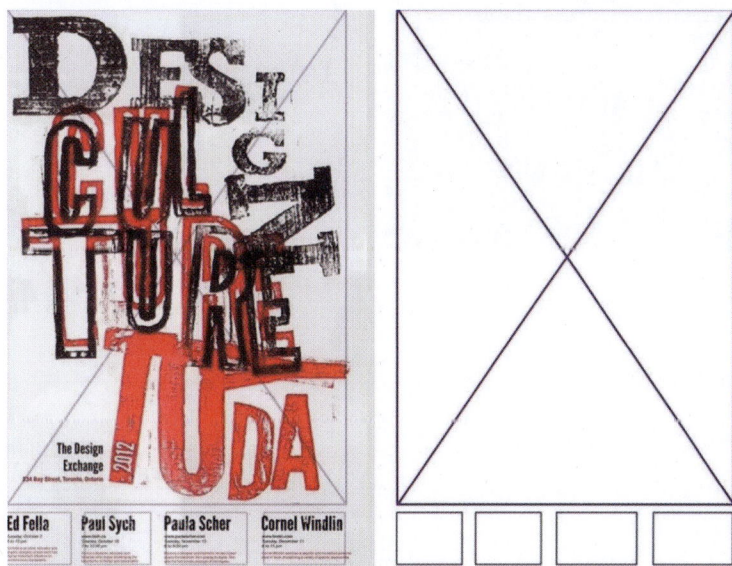

图 6-13

4. 涟漪式网格

涟漪式网格指以一个中心点为核心，将视觉元素按照环状或放射状的路径排列。这种网格系统模仿了水波涟漪的效果，元素按照与中心点的距离分层排列，从而形成了一种由中心向外辐射的动态视觉效果。

在涟漪式网格中，中心点可以是整个设计作品的视觉焦点，也可以是最重要的文本或图片。从这个中心点开始，每一圈的元素都代表着信息层次结构中的一个级别。这种布局方式有助于引导观者的视线，首先从核心信息开始，然后按照涟漪的顺序向外扩展，浏览更多的内容或细节。

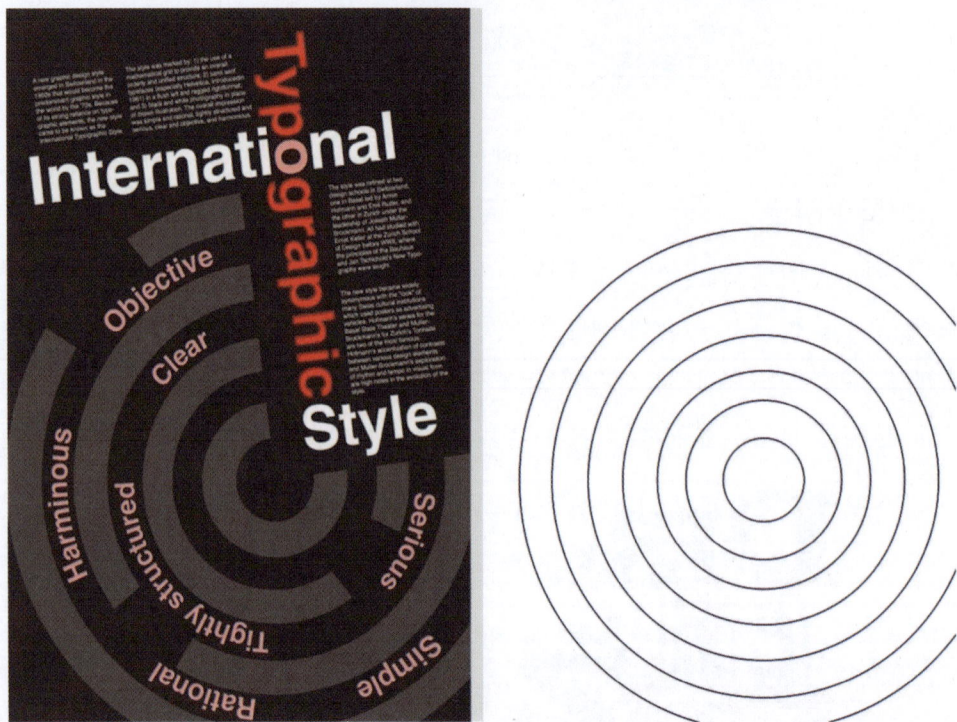

图 6-14

5. 放射式网格

放射式网格是一种以中心点或核心区域为起点，向外部辐射扩展的布局方式。这种网格系统在艺术设计和建筑设计领域应用广泛，特别适用于强调中心点或核心区域的重要性的设计，比如城市规划、交通网络，以及某些特定的视觉艺术作品。

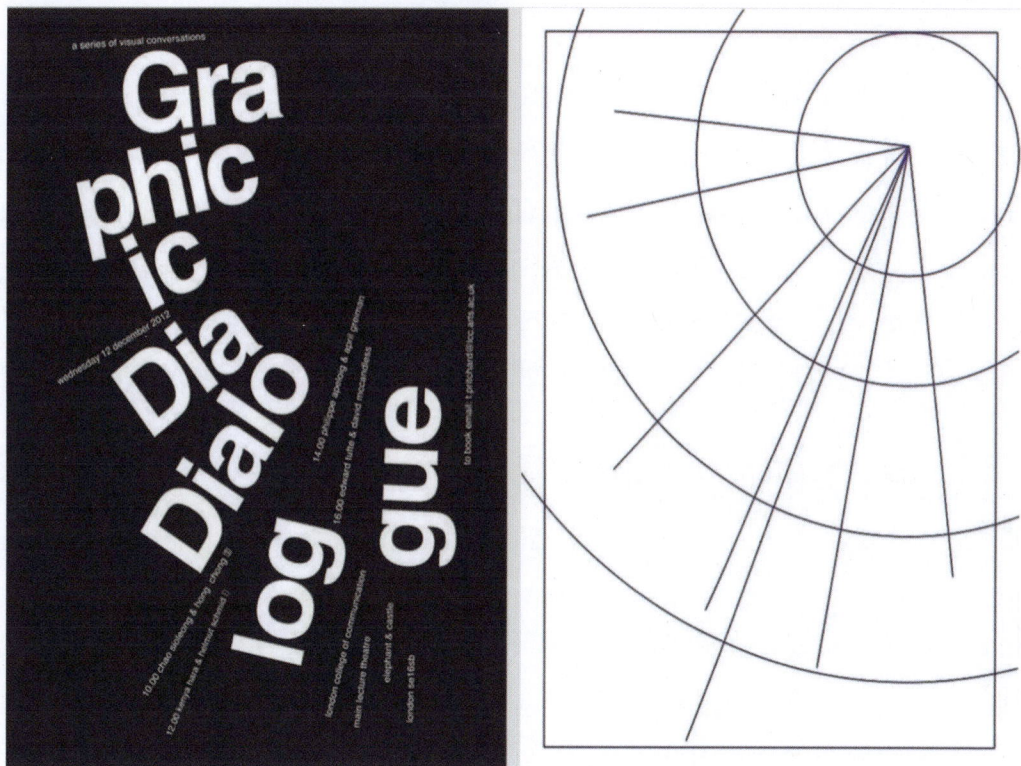

图 6-15

6.4 网格系统的绘制

6.4.1 绘制过程

1. 评估与规划

在设计之初及构建网格之前，设计师必须进行全面的考量，包括但不限于图片与文本的总量、纸张尺寸及设计目标等变量。这一过程要求设计师对项目有一个宏观的理解。网格的架构应由内容本身的特性所决定。在页面尺寸、文本及图片元素等参数确定之后，设计师应着手进行文本和图片的布局工作。对此，绘制初步草图以规划图文排列是常见的实践方法。鉴于每个设计案例的独特性，设计师应当从基础网格系统出发，逐步迭代，直至确立最适合当前项目的网格系统。

2. 版心与页边距

在页面设计中，版心的界定对于整体视觉效果的构建具有基础性作用。版心的尺寸应精心选择，以增强观者的视觉感知和体验。设计内容的性质，如图片与文本的比重，对版心的配置具有显著影响。例如，在以图片为主的个人作品集设计中，为了强调作品的展示，版心尺寸宜适当放大，以确保图片获得充足的展示空间。相反，对于以文本内容为主的诗集，为了营造一种静谧的氛围，版心尺寸宜适当缩小，从而在页面上创造更多的留白，以便观者的视线得以停留并引发沉思。

除了设计内容的性质，图片尺寸的多样性和文本信息的密度也是决定版心大小的关键因素。图片尺寸的变化能够为版面带来活力，而较小的版心可能会导致视觉上的拥挤和紧张感。较丰富的文本信息要求较大的版心来容纳，而较少的文本信息则在版心设计上拥有更大的灵活性，便于实现多样化的视觉效果。

在确定版心的尺寸和位置时，对页边距的考量同样重要。页边距，包括天头、地脚、切口和订口的宽度，会对版心的最终位置产生影响。版心过高可能会导致页面布局显得不稳定，产生轻盈甚至上浮的视觉效果；而版心过低则可能使页面显得沉重，引发紧张感。切口和订口的处理需考虑装帧方式的差异，但均应避免因切割和装订而妨碍信息的阅读。过窄的订口可能使邻近的信息难以阅读，而过于靠近切口的信息则可能因拥挤感而影响阅读体验，甚至可能因裁切不当而丢失重要内容。此外，对于需要翻页的读物，设计师应避免版心过于靠近切口，以免翻页动作和手指的位置影响阅读体验。

3. 栏

在版心尺寸及其位置被确定之后，设计师的下一步工作是设定网格系统的栏数。网格的栏数理论上是无限的，但更多的栏数通常意味着更高的布局灵活性。在确定栏数时，设计师应基于内容特性和设计规范来做出决策。这包括对图片、文本及其相对比例关系的细致考量。此外，栏宽的选择也受到网格栏数的影响；理想的栏宽应能适应令人感到舒适的文本长度，以避免过宽或过窄的栏宽导致的阅读障碍。

为了实现更精细的网格设计，设计师可以将网格在水平方向上划分为更小的单元格。在进行页面分栏之前，必须先确定页面设计中所采用的字号大小。例如，在一个使用 9pt Helvetica Regular 字体的两栏网格中，如果排列了 49 行文本，并且打算将这些内容分布在 4 个水平栏中，就需要计算每个水平栏中的行数。计算方法是先将总行数减去水平栏之间的空行数，然后除以栏数，即（49-3）/4，结果为 11.5。由于不存在不足一行的概念，设计师可以选择 11 行或 12 行作为每个水平栏的行数。这可能会影响版心的尺寸，因此需要进行相应调整。

在网格系统中确定行数时，应以页面中最大字号的字体为基准，同时确保数值间保持一定的比例关系。例如，如果标题为 25pt，行距为 30pt，正文为 5pt，行距为 10pt，则 6 行正文的高度与 2 行标题的高度相等。这样可以确保页面上的所有文本，无论字号大小，都能整齐地对齐于网格系统中。这种对齐方式有助于维持版面的视觉一致性和秩序感。

4．网格相关

在设计领域，网格系统的类型繁多，设计师在创作过程中并不受限于单一网格的使用。设计师通过将不同网格系统相互结合，可以设计出更为灵活的布局，以适应多样化的设计需求。此外，网格系统亦可倾斜或旋转，以实现特定的视觉效果或创意表达。

一个精心构建的网格系统，辅以规范的字体格式，能够确保页面上所有文本按照内在的比例关系进行排列，同时使图片与文本信息之间的对齐成为可能。在设计中遇到不同字号的文本时，为确保各文本能够和谐地填充网格单元并实现文本间的对齐，设计师必须在进行排版设计时考虑不同字号对应的行距之间的倍数关系。在通常情况下，这一关系以最大行距为基准来进行设定。例如，若最大行距为 24pt，则行距为 12pt 和 8pt 的文本均应能与 24pt 行距的文本对齐。这意味着，3 行 8pt 行距的文本或 2 行 12pt 行距的文本应与 1 行 24pt 行距的文本在垂直对齐上保持一致，从而确保 8pt、12pt 与最大行距24pt 之间的行数比例关系为 3∶2∶1。

下面三段文本采用基线对齐的方式，清晰展示了文本行距之间的关系。通过进一步观察下方第二张图，我们可以发现在固定行距内，不同文本段落所包含的行数之间存在明显的倍数关系。这种对齐方式和比例关系不仅确保了文本的整齐性和可读性，也增强了版面的整体美感与和谐性。

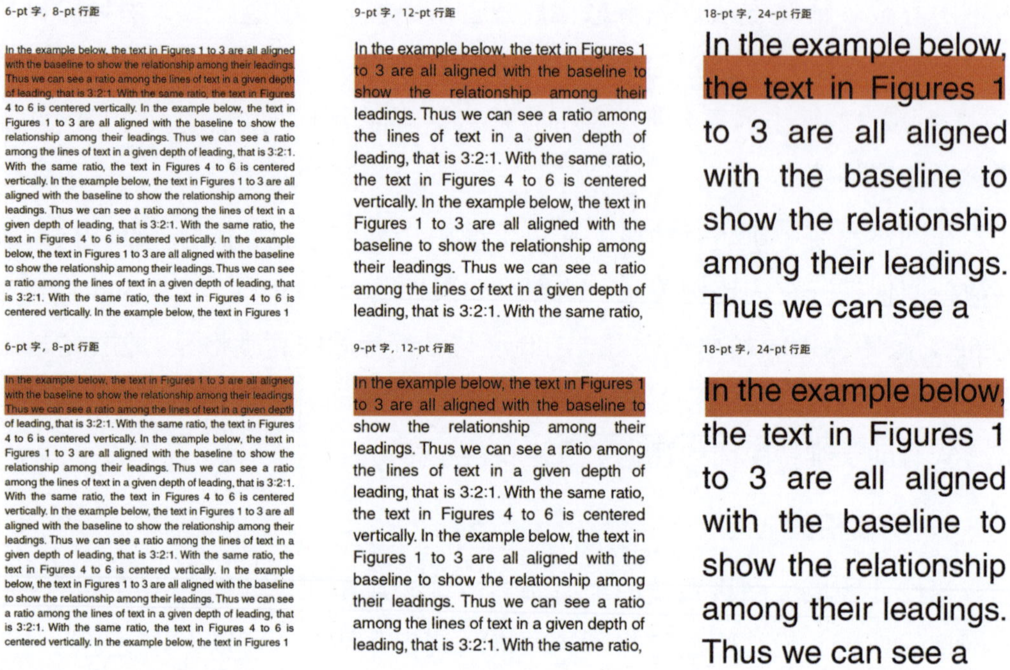
6-pt 字，8-pt 行距
In the example below, the text in Figures 1 to 3 are all aligned with the baseline to show the relationship among their leadings. Thus we can see a ratio among the lines of text in a given depth of leading, that is 3:2:1. With the same ratio, the text in Figures 4 to 6 is centered vertically. In the example below, the text in Figures 1 to 3 are all aligned with the baseline to show the relationship among their leadings. Thus we can see a ratio among the lines of text in a given depth of leading, that is 3:2:1. With the same ratio, the text in Figures 4 to 6 is centered vertically. In the example below, the text in Figures 1 to 3 are all aligned with the baseline to show the relationship among their leadings. Thus we can see a ratio among the lines of text in a given depth of leading, that is 3:2:1. With the same ratio, the text in Figures 4 to 6 is centered vertically. In the example below, the text in Figures 1 to 3 are all aligned with the baseline to show the relationship among their leadings. Thus we can see a ratio among the lines of text in a given depth of leading, that is 3:2:1. With the same ratio, the text in Figures 4 to 6 is centered vertically. In the example below, the text in Figures 1
9-pt 字，12-pt 行距
In the example below, the text in Figures 1 to 3 are all aligned with the baseline to show the relationship among their leadings. Thus we can see a ratio among the lines of text in a given depth of leading, that is 3:2:1. With the same ratio, the text in Figures 4 to 6 is centered vertically. In the example below, the text in Figures 1 to 3 are all aligned with the baseline to show the relationship among their leadings. Thus we can see a ratio among the lines of text in a given depth of leading, that is 3:2:1. With the same ratio,
18-pt 字，24-pt 行距
In the example below, the text in Figures 1 to 3 are all aligned with the baseline to show the relationship among their leadings. Thus we can see a
6-pt 字，8-pt 行距
In the example below, the text in Figures 1 to 3 are all aligned with the baseline to show the relationship among their leadings. Thus we can see a ratio among the lines of text in a given depth of leading, that is 3:2:1. With the same ratio, the text in Figures 4 to 6 is centered vertically. In the example below, the text in Figures 1 to 3 are all aligned with the baseline to show the relationship among their leadings. Thus we can see a ratio among the lines of text in a given depth of leading, that is 3:2:1. With the same ratio, the text in Figures 4 to 6 is centered vertically. In the example below, the text in Figures 1 to 3 are all aligned with the baseline to show the relationship among their leadings. Thus we can see a ratio among the lines of text in a given depth of leading, that is 3:2:1. With the same ratio, the text in Figures 4 to 6 is centered vertically. In the example below, the text in Figures 1 to 3 are all aligned with the baseline to show the relationship among their leadings. Thus we can see a ratio among the lines of text in a given depth of leading, that is 3:2:1. With the same ratio, the text in Figures 4 to 6 is centered vertically. In the example below, the text in Figures 1
9-pt 字，12-pt 行距
In the example below, the text in Figures 1 to 3 are all aligned with the baseline to show the relationship among their leadings. Thus we can see a ratio among the lines of text in a given depth of leading, that is 3:2:1. With the same ratio, the text in Figures 4 to 6 is centered vertically. In the example below, the text in Figures 1 to 3 are all aligned with the baseline to show the relationship among their leadings. Thus we can see a ratio among the lines of text in a given depth of leading, that is 3:2:1. With the same ratio,
18-pt 字，24-pt 行距
In the example below, the text in Figures 1 to 3 are all aligned with the baseline to show the relationship among their leadings. Thus we can see a

图 6-16

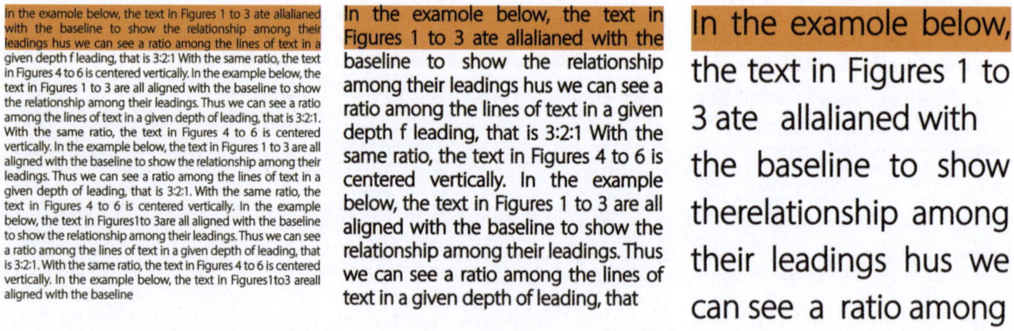
In the examole below, the text in Figures 1 to 3 ate allalianed with the baseline to show the relationship among their leadings hus we can see a ratio among the lines of text in a given depth f leading, that is 3:2:1 With the same ratio, the text in Figures 4 to 6 is centered vertically. In the example below, the text in Figures 1 to 3 are all aligned with the baseline to show the relationship among their leadings. Thus we can see a ratio among the lines of text in a given depth of leading, that is 3:2:1. With the same ratio, the text in Figures 4 to 6 is centered vertically. In the example below, the text in Figures 1 to 3 are all aligned with the baseline to show the relationship among their leadings. Thus we can see a ratio among the lines of text in a given depth of leading, that is 3:2:1. With the same ratio, the text in Figures 4 to 6 is centered vertically. In the example below, the text in Figures1to 3are all aligned with the baseline to show the relationship among their leadings. Thus we can see a ratio among the lines of text in a given depth of leading, that is 3:2:1. With the same ratio, the text in Figures 4 to 6 is centered vertically. In the example below, the text in Figures1to3 areall aligned with the baseline
In the examole below, the text in Figures 1 to 3 ate allalianed with the baseline to show the relationship among their leadings hus we can see a ratio among the lines of text in a given depth f leading, that is 3:2:1 With the same ratio, the text in Figures 4 to 6 is centered vertically. In the example below, the text in Figures 1 to 3 are all aligned with the baseline to show the relationship among their leadings. Thus we can see a ratio among the lines of text in a given depth of leading, that
In the examole below, the text in Figures 1 to 3 ate allalianed with the baseline to show therelationship among their leadings hus we can see a ratio among

图 6-17

6.4.2　绘制案例

1．划分信息层级

图 6-18

2．确定版心与页边距

图 6-19

3. 设定栏

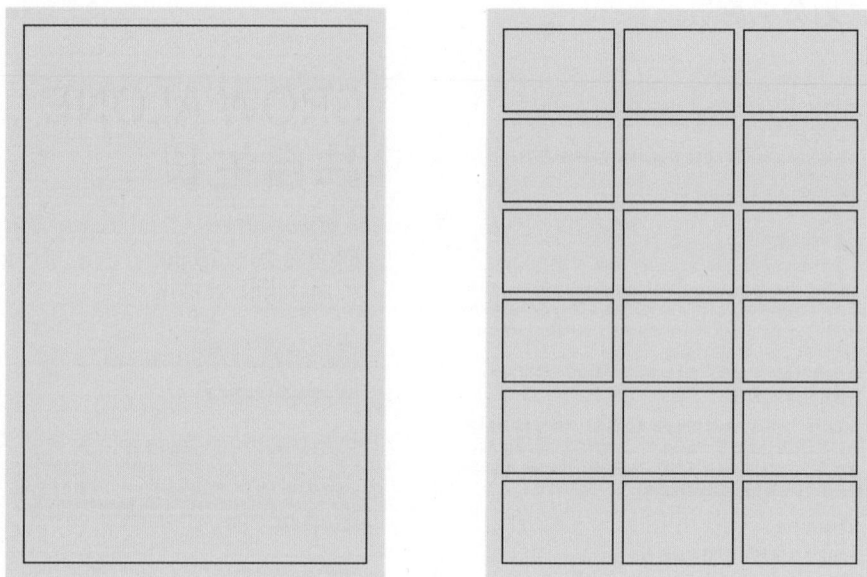

图 6-20

4. 将信息合理归纳放置

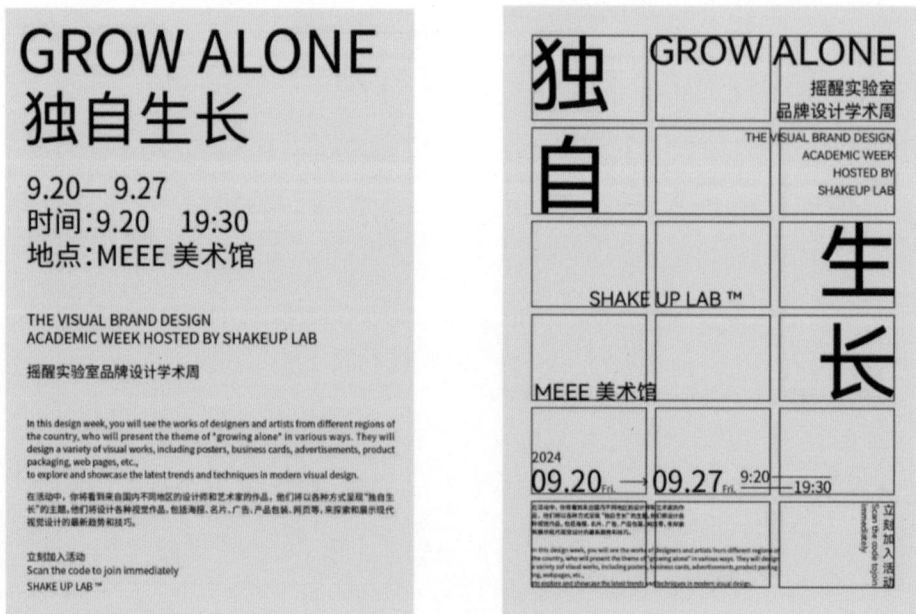

图 6-21

5．根据主题丰富版面

图 6-22

6.5　网格应用案例赏析

6.5.1　*Spuren der Zeit* 肖像摄影展海报

Spuren der Zeit 海报的视觉效果突出表现在其对色彩和图片的巧妙运用上。海报以橙色为底，这种鲜明的色彩能够立即吸引观者的注意力。同时，海报中主要展示人物的一只眼睛，这种部分肖像的展示手法不仅增加了神秘感，还能够迅速聚焦观者的视线，引发他们的好奇心。此外，海报设计中对视觉流程的引导也做得非常出色，观者的视线会自然地先从眼睛开始，然后逆时针移动到左侧的主题信息，这样的设计增强了信息的传达效率。

在网格应用方面，*Spuren der Zeit* 海报采用了 5×5 分单元格网格结构，这种结构为设计师提供了一个清晰的框架，使设计元素的排列更加有序和协调。字体比例关系（1∶5.4∶14）被理解为倍数关系，这为字体大小的确定提供了依据，使主题、艺术家和时间等关键信息能够根据其重要性进行视觉上的强调。此外，网格系统使海报在视觉上保持了一致性和节奏感，同时能够有效编排内容，确保信息的清晰传达。

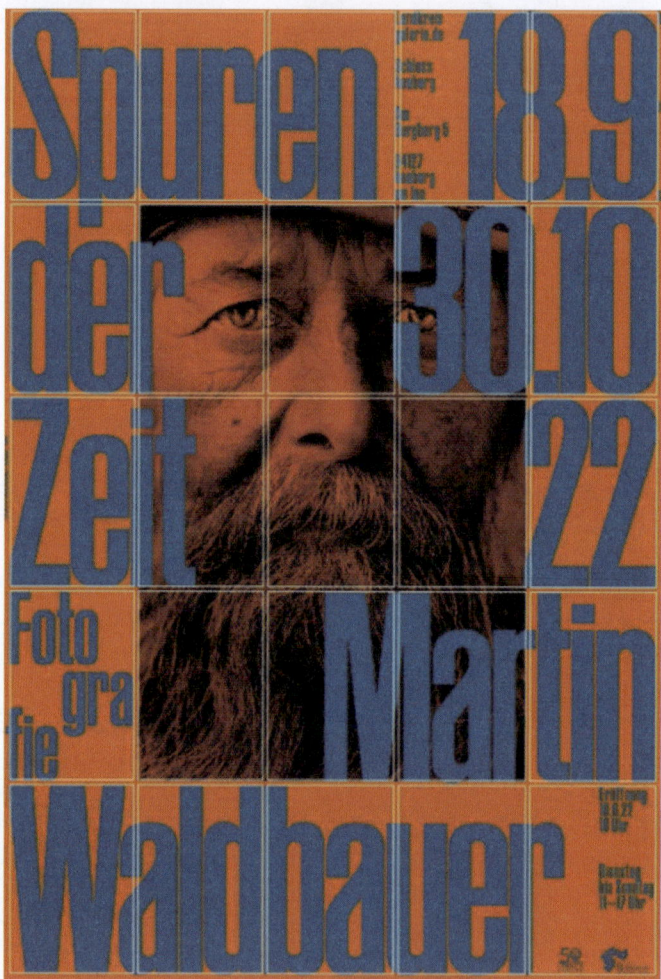

图 6-23

6.5.2 中国新年系列海报

案例为设计师彭卡爆设计的系列中国新年属相海报。

　　中国新年属相海报系列在视觉效果上采用了鲜明的色彩和简洁的几何形态，创造出具有辨识度和独特性的视觉作品。通过使用四周包围的版式结构，海报呈现出了一种对称和平衡的视觉效果，这符合中国传统的审美。在色彩运用上，对比色的大胆使用使生肖动物图形元素突出且具有视觉冲击力。

　　在网格应用方面，设计师将海报的主体结构拆分为 2×2 的对称结构，并进一步细化为 4×10 和 6×10 的单元格系统。这种网格系统的使用为海报提供了清晰的布局框架，使设计元素能够有序地排列。网格系统的应用确保了设计的一致性和专业性，同时，网格的倍数关系使设计师能够根据单元格尺寸确定字体大小，从而保持版面的视觉和谐与节奏感。生肖的几何形态插画与网格系统的结合，展现了设计师对传统元素的现代诠释和创新应用。

图 6-24

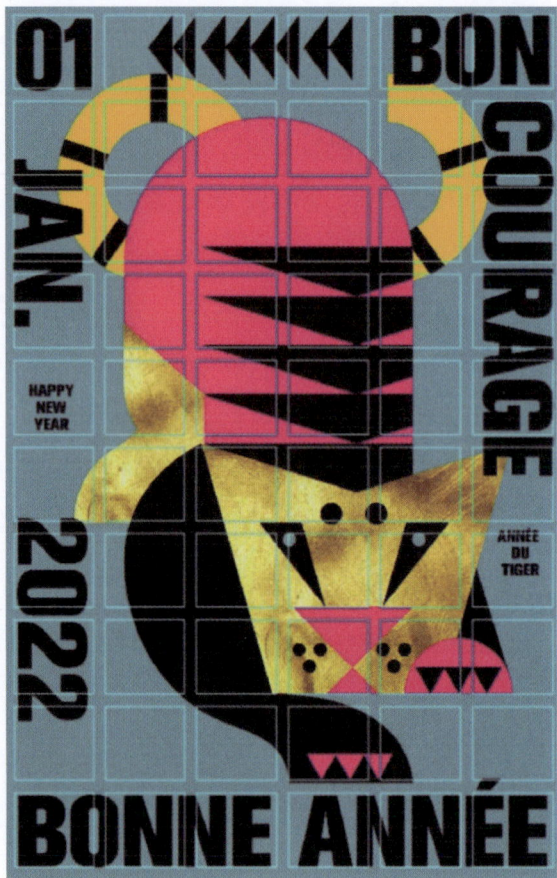

图 6-25

6.5.3 *Mallarme's Books* 海报

　　Mallarme's Books 是为赞美 19 世纪法国诗人马拉美而设计的系列海报。

　　在视觉效果的构建上，设计师采取了一种创新的方法，即通过拍摄多张以不同方式摆放的书籍照片来实现。在海报设计中，设计师通过独特的构图手法展示了书籍的多样化姿态，将书籍转化为具有变化能力的物体。这种设计手法使书籍不再仅仅是知识的载体，更像是可以摆出多种姿势的躯体，或者具有不同形态的字体。

　　在网格应用方面，海报中的书籍以一种非对称的姿态呈现。这种设计旨在通过网格系统的有序排列来实现正文、标题、视觉元素、图片的视觉平衡。网格系统的应用不仅确保了版面设计的稳定性，也为版面上的各元素提供了一种和谐共存的框架，从而创造出一种既有序又动态的视觉效果。通过这种方法，设计作品在视觉上呈现出一种既有规律又不失灵活性的美感，满足了现代平面设计的复杂要求。

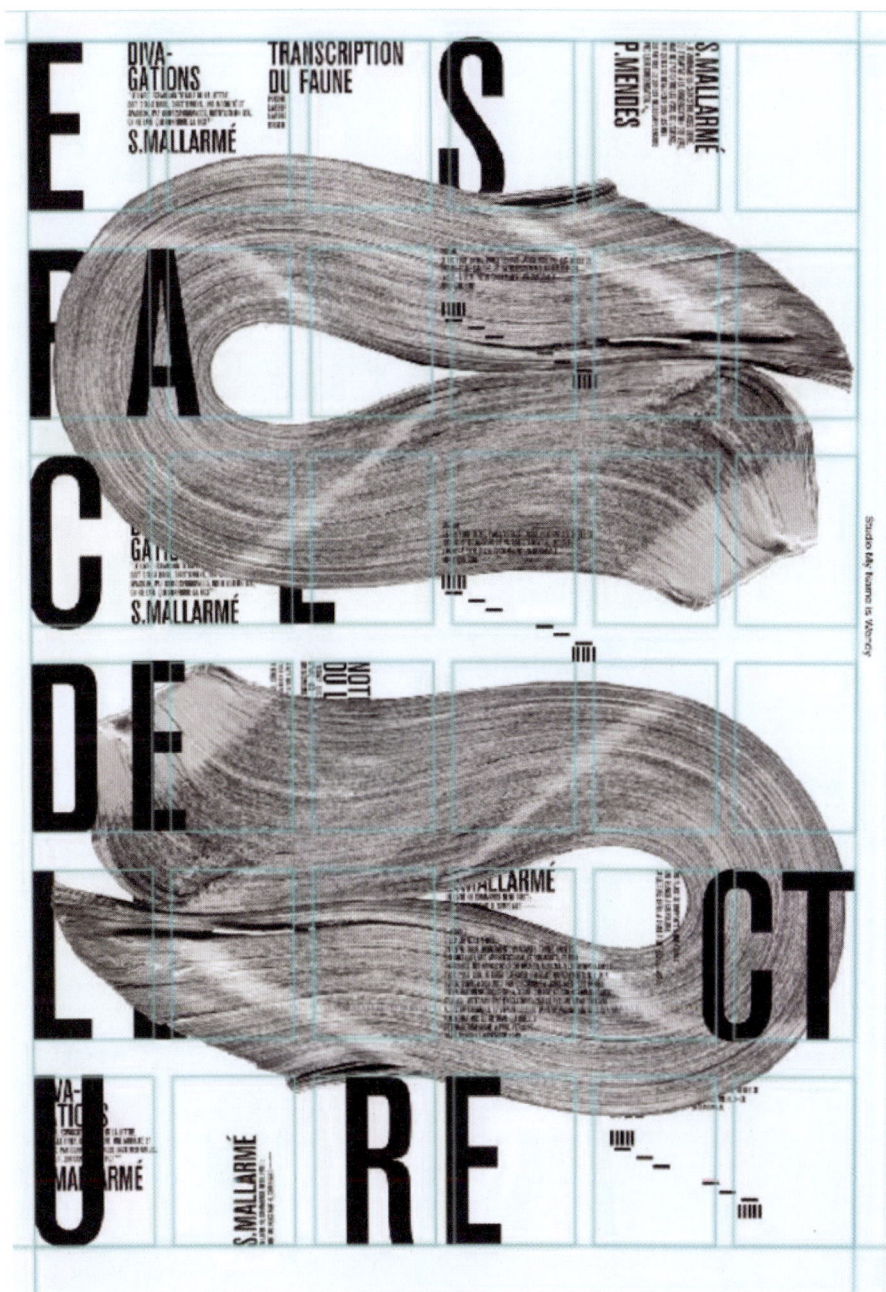

图 6-26

第六章 总结